长江大保护智慧水务价值及效益分析报告

陆松柳　张艳飞　郑小东　郭宇峰　等 主编

中国水利水电出版社

www.waterpub.com.cn

·北京·

内 容 提 要

在"十四五"规划、数字化转型和"双碳"战略的推动下，国家多个部委和多个省市加快智慧水务建设部署，数字经济和实体经济融合发展，推进传统基础设施智能化升级。本书基于三峡集团开展长江大保护项目的工作实践，同时结合国家相关政策与行业典型案例，从投资阶段现状问题诊断服务、设计阶段辅助优化设计、建设阶段辅助监管、运营阶段降本提质增效、数据资产价值化、智慧水务价值量化指标等多方面系统性研究分析智慧水务价值及效益，以增强水务行业用户对智慧水务工作的认同感，推动对水务行业智慧管控落地实效的科学评估。

本书可供从事水务相关行业和相关科研的工作者参考使用。

图书在版编目（CIP）数据

长江大保护智慧水务价值及效益分析报告 / 陆松柳
等主编． -- 北京 ： 中国水利水电出版社，2024．8．
ISBN 978-7-5226-2579-9

Ⅰ．TV213.4

中国国家版本馆CIP数据核字第2024MV0236号

书　　名	**长江大保护智慧水务价值及效益分析报告** CHANG JIANG DABAOHU ZHIHUI SHUIWU JIAZHI JI XIAOYI FENXI BAOGAO
作　　者	陆松柳　张艳飞　郑小东　郭宇峰　等 主编
出版发行	中国水利水电出版社 （北京市海淀区玉渊潭南路1号D座　100038） 网址：www.waterpub.com.cn E-mail：sales@mwr.gov.cn 电话：（010）68545888（营销中心）
经　　售	北京科水图书销售有限公司 电话：（010）68545874、63202643 全国各地新华书店和相关出版物销售网点
排　　版	中国水利水电出版社微机排版中心
印　　刷	清淞永业（天津）印刷有限公司
规　　格	184mm×260mm　16开本　7.75印张　89千字　8插页
版　　次	2024年8月第1版　2024年8月第1次印刷
印　　数	0001—1500册
定　　价	**58.00元**

编 委 会

　　自 2013 年"智慧水务"概念被正式提出后，随着国家政策引导发展，各地水务企业、国外先进运营商（苏伊士环境集团、威立雅环境集团等）、国内综合运营企业（北控水务集团、北京首创生态环保集团等）、IT 头部科技企业（华为技术有限公司、阿里巴巴集团等）纷纷参与到智慧水务的建设中，推动水务智慧化、数字化转型，在行业内掀起了一股智慧水务建设浪潮。

　　智慧水务的概念较容易理解，但其建设过程十分困难，是一项大型复杂性系统工程。智慧水务建设的本质，是一场管理理念和管理方式的变革，不仅是简单地利用计算机技术代替人工管理模式，而且是需要对业务流程进行全面优化和重组，会涉及行业内相关企业的体制、机构、人员、规章制度的变化和业务流程调整等，而如何准确地把握这个过程的转变是很多提供智慧水务软件、硬件的服务商所不具备的业务能力和战略资源。

　　目前智慧水务行业发展总体处于初级阶段，尚未出现能够提供整体解决方案的龙头企业，各参与企业均有不同程度的优劣势。行业虽然没有形成系统的智慧水务价值量化评估体系，但普遍认为智慧水务是水务行业未来发展的必然方向，也是现阶段唯一能够提供水务投资、设计、施工、运营全过程技术辅助的支撑工具。

　　本书结合三峡集团多年来在长江大保护项目中的智慧水务应用实践，同时调研收集国家相关政策与行业典型案例，通过浅析智慧水务宏观作用和微观量化价值，初步结论如下：智慧水务的建设能够优化投资 5%～10%、降低运营成本 10%～30%，且未来数据价值增值空间巨大，智慧水务的建设是有必要且实现工程项目提质、降本、增效所必需的一项内容；按照效益评估范围内长江大保护项目所涉及的存量资产（建成及投运污水处理规模 334 万 m^3/d，提升泵站 200 座，排水管网 1.8 万 km，农污站点 1400 座）进行初步估算，通过智慧水务建设每年约有 3.2 亿元的运维成本节约空间，可实现环境效益、社会效益以及经济效益的协调统一。

由于编者水平有限，书中错误及不当之处难以避免，恳请读者批评指正。

编者

2024 年 3 月

目录

第 1 章

相关政策及行业市场

1.1

国家及部委政策宏观导向

"要推动数字经济和实体经济融合发展，把握数字化、网络化、智能化方向，推动制造业、服务业、农业等产业数字化，利用互联网新技术对传统产业进行全方位、全链条的改造，提高全要素生产率，发挥数字技术对经济发展的放大、叠加、倍增作用。"

——2021 年 10 月 18 日习近平在中共中央政治局第三十四次集体学习时的讲话。

1.1.1 国家战略

1. 国家"十四五"规划

《中华人民共和国国民经济和社会发展第十四个五年规划和 2035 年远景目标纲要》提出要分级分类推进新型智慧城市建设，将物联网感知设施、通信系统等纳入公共基础设施统一规划建设，推进市政公用设施、建筑等物联网应用和智能化改造[1]。强调要构建智慧水利体系，以流域为单元提升水情测报和智能调度能力；推进农村水源保护和供水保障工程建设；推行城市地下管网等"一张图"数字化管理；构建集污水、垃垃、固废等处理处置设施和监测监管能力于一体的环境基础设施体系，推动 5G、大数据中心等新兴领域能效提升，强化重点用能单位节能管理，实施能量系统优化、节能技术改造等重点工程。

2. 国家数字化转型战略

党中央、国务院多次强调加快数字化发展的战略部署，国家发展改革委、中央网信办印发《关于推进"上云用数赋智"行动 培育新经济发展实施方案》的通知，落实国家"网络强国、数字中国"战略的需求，打造数字化企业，构建数字化产业链，培育数字化生态[2]。全面推进社会数字化转型。建设数字中国，数字化、信息化、智能化已成为经济社会发展的新趋势、新引擎，尤其是在新冠肺炎疫情之后的经济转型中，市场越来越认知到"数智力"是企业增长的"核聚变"。

3. 国家"双碳"战略

2020 年中国基于推动实现可持续发展的内在要求和构建人类命运共同体的责任担当，宣布了碳达峰和碳中和的目标愿景。按照源头防治、产业调整、技术创新、新兴培育、绿色生活的路径，加快实现生产生活方式绿色变革，推动如期实现"双碳"目标。加快大数据、区块链、人工智能等前沿技术在绿色经济技术中的应用，提升重点行业用能效率，降低用能成本，助力能源高效化、清洁化、可持续化发展。

1.1.2 部委政策

自 2016 年以来，国家发展改革委、住房城乡建设部、水利部、工业和信息化部等多部门都陆续印发了支持智慧水务行业的发展政策，内容涉及水利、供排水和污水处理系统信息化智慧化内容。

国家发展改革委、住房城乡建设部制定了《城镇生活污水处理设施补短板强弱项实施方案》，突出强调推动信息系统建设，开展生活污水收集管网摸底排查，地级及以上城市依法有序建立管网地理信息系统并定期更新[3]。直辖市、计划单列市、省会城市率先构建城市污水收集处理设施智能化管理平台，利用大数据、物联网、云计算等技术手段，逐步实现远程监控、信息采集、系统智能调度、事故智慧预警等功能，为设施运行维护管理、污染防治提供辅助决策。

住房城乡建设部、生态环境部、国家发展改革委印发了《城镇污水处理提质增效三年行动方案（2019—2021年）》，在强调工程措施建设的同时依法建立市政排水管网地理信息系统（GIS），实现管网信息化、账册化管理[4]。落实排水管网周期性检测评估制度，建立和完善基于GIS系统的动态更新机制，逐步建立以5～10年为一个排查周期的长效机制和费用保障机制。健全管网专业运行维护管理机制。并且先后发布《智慧水务信息系统建设与应用指南》《城镇供水信息系统工程技术标准》等指导文件。

《"十四五"城镇污水处理及资源化利用发展规划》提出，依法建立城镇污水处理设施地理信息系统并定期更新，实现城镇污水设施信息化、账册化管理[5]。推行排水户、干支管网、泵站、污水处理厂（又称污水厂）、河湖水体数据智能化联动和动态更新，开展常态化监测评估，保障设施稳定运行。

《中共中央 国务院关于深入打好污染防治攻坚战的意见》提出，建立完善现代化生态环境监测体系。建立健全基于现代感知技术和大数据技术的生态环境监测网络，优化监测站网布局，实现环境质量、生态质量、污染源监测全覆盖[6]。

《深入打好长江保护修复攻坚战行动方案》提出，提升监测预警能力。推进长江经济带水质监测质控和应急平台（一期）建设，加强水质监测数据质量保证和质量控制。选取重点水域，开展新污染物、污染物通量、生物毒性监测试点[7]。

水利部为加快推进智慧水利建设，推动新阶段水利高质量发展，先后印发了《关于大力推进智慧水利建设的指导意见》《智慧水利建设顶层设计》《"十四五"智慧水务建设规划》以及《"十四五"期间推进智慧水利建设实施方案》，通过建设数字孪生流域、"2+N"水利智能业务应用体系、水利网络安全防护体系、智慧水利保障体系推进水利工程智能化改造，建成智慧水利体系1.0版本。

1.1.3 省市规划

全国多地在"十四五"规划中指出，要加快智慧水务、智慧城市等建设部署，推进传统基础设施智能化升级。部分省市智慧城市"十四五"规划中关于智慧水务的相关建设重点如下：

（1）上海市加强水务海洋数字化转型应用和感知网络建设，优化水利、供水、排水、海洋等感知神经元布局，强化行业数据高效安全的"采、存、算、管、用"能力，持续完善智能化应用支撑体系[8]。加强水务海洋智能监管，建设河湖监管、建设监管、运维监管、执法监管等智能平台；加强水安全保障，持续优化升级防汛防台智能指挥系统；加强水环境治理，建设水环境管理、河湖长管理、排水设施"厂站网"一体化管理等平台；加强水资源管理，完善供水安全保障、智慧节水、地下水智能管控等应用；加强海洋综合管理，完善海域海岛资源保护利用动态监管、海洋经济运行监测、海洋观测预报和海洋防灾减灾等业务系统，提升水系统治理全过程智能管理水平。

（2）北京市强调推动智慧水务建设，推进水表智能化改造[9]，加强排水防涝设施自动化监测，构建排水设施物联网智慧化监控调度平台，提升精细化预报预警、精准化模拟调度、智慧化综合管理水平[10]。

（3）重庆市加强智慧水务建设，打造水质在线监测系统，水质综合合格率保持在98％以上，运用大数据、互联网等技术手段开展规划、建设、运用管理和环境绩效的全过程管理[11]。

（4）江西省完善超标应急的城市排水防涝系统，推进城市空间"一张图"数字化管理，在智慧水务领域实施移动物联网应用品牌工程创建[12]。

（5）湖北省开展智慧水利建设，提升水利信息化水平，强化河湖智慧管理。推进市政基础设施信息化改造，加快建设新型智能感知设施，推进"一杆多用"[13]。

（6）四川省夯实新型城镇化发展新基础，加快城市公共设施、建筑、环保等领域智能化改造，推进污染源智慧环境监测监控设施、智慧管廊综合运营系统建设[14]。

1.1.4 标准要求

最新修编的《室外排水设计标准》（GB 50014—2021）对排水系统信息化、智能化及智慧排水系统建设提出新要求，相关部分标准条文如下[15]：

9.4.1 信息化系统应根据生产管理、运营维护等要求确定，分为信息设施系统和生产管理信息平台。

9.4.4 信息化系统应采取工业控制网络信息安全防护措施。

9.5.1 智能化系统应根据工程规模、运营保护和管理要求等确定。

9.5.2 智能化系统宜分为安全防范系统、智能化应用系统和智能集成平台。

9.6.2 智慧排水系统应能实现整个城镇或区域排水工程大数据管理、互联网应用、移动终端应用、地理信息查询、决策咨询、设备监控、应急预警和信息发布等功能。

《室外给水设计标准》（GB 50013—2018）针对计算机控制管理系统、监控系统以及供水信息系统均提出明确要求，相关部分标准条文如下[16]：

12.4.1 计算机控制管理系统应有信息收集、处理、控制、管理及安全保护功能，宜采用信息层、控制层和设备层的三层结构。

12.5.1　水厂和大型泵站的周界宜设电子围栏和视频监控系统。

12.6.1　供水信息系统应满足对整个给水系统的数据实时采集整理、监控整个城市供水、合理和快速调度城市供水以及供水企业管理的要求。

1.2

未来市场及行业参与企业

1.2.1 未来市场分析

我国智慧水务行业保持稳定增长态势，市场规模稳步扩大。智慧水务的发展正逐步走入智慧化（3.0）阶段，是大数据、人工智能与区块链等技术在水务行业的综合应用。

从市场规模来看，据统计，2020年我国智慧水务行业市场规模约为124.8亿元，同比上涨77.80％；2023年我国智慧水务市场规模约为188亿元。随着我国智慧城市建设的推进，智慧水务还有很大的市场可开发。

1.2.2 行业参与企业

持续的政策推动提高了企业进入到智慧水务行业的积极性，目前参与的企业总体可分为四大类：以中国长江三峡集团有限公司、中国铁建股份有限公司、中国建筑集团有限公司以及各省市投资运营公司等为代表的政府和社会资本合作（PPP）项目总承包；以华为技术有限公司、深圳市腾讯计算机系统有限公司、中国移动通信集团有限公司、北京百度网讯科技有限公司、阿里巴巴集团等为代表的依靠技术优势进入到智慧水务行业的头部企业，以北控水务集团、北京首创生态环保集团及各地城市建设投资公司为代表的传统运营商；以苏伊士环境集团、威立雅环境集团为代表的国际水务运营商；以提供智慧水务技术和工程服务的信息化公司。

通过调研发现，目前大型领先水务运营商每年用于智慧水务相关的建设费用占年度总投资的7％～11％。

从新注册水务公司数量来看（图1.2.1），据企查查数据统计，截止到2020年6月，我国水务公司新注册数量从2015年2430家升至37600家。目前，我国处于存续、在业状态的智慧水务企业约有840家。

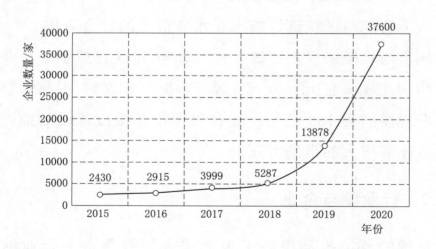

图 1.2.1　2015—2020 年中国水务行业

新注册水务公司数量

依据智慧水务业务营业收入划分，我国智慧水务企业可分为3个竞争梯队（图1.2.2）。其中，营收规模大于10亿元的企业有大禹节水集团股份有限公司、上海威派格智慧水务股份有限公司和汉威科技集团股份有限公司；营收规模在5亿～10

亿元之间的企业有新天科技股份有限公司、三川智慧科技股份有限公司、浙江和达科技股份有限公司；营收规模在 5 亿元以下的企业有杭州山科智能科技股份有限公司、青岛积成电子股份有限公司等。

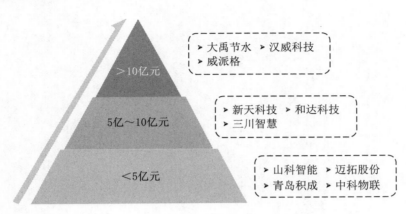

图 1.2.2　智慧水务行业竞争梯队

1.2.3　智慧水务价值调研

水务行业相关协会在 2019 年通过实地走访、调查问卷、电话调研等多种方式结合，对我国 53 家供排水企业智慧水务价值认同进行了多维度分析。从规模上来看，调研的水务企业涵盖了大中小不同规模的供排水公司；从智慧水务发展水平来看，成熟度高、中、低的水务企业均有不同比例涵盖；从地域分布来看，涵盖了华北、华东、华中和华南地区。超过 80％的水务运营企业认为智慧水务可以提高管理和工作效率，60％的水务运营企业认为可以提升企业形象，45％的水务运营企业认为可以为企业创造经济效益。

第 2 章

智慧水务价值
及效益分析说明

2. 1

长江大保护智慧水务服务内容

为了实现节能降耗、提质增效、少人/无人值守、防洪排涝、联排联调等智慧水务效果，并更好支撑、服务地方政府系统治理的需求，长江生态环保集团有限公司通过三年的摸索，探索出的"城市水管家"模式着眼于当前环境系统治理的若干瓶颈制约、城市涉水管理难题、商务模式难以持续等问题，以供排水为切入点，"智慧水管家"作为第三方，对城市供水、排水、管网、防洪排涝、河湖等涉水设施统一规划、统一建设、统一运营、统一管理和统一调度，通过智慧化赋能、专业化管理和内部挖潜，实现主体明确、责任清晰、成本降低、效率提升的目标，确保城市水环境长期稳定达标和持续改善。

在推行"水管家"模式的过程中，以"城市水管家"身份诊断城市水环境根本问题，提出系统解决方案，从规划设计到建设运营全生命周期统筹实施，为地方政府系统解决水环境治理问题。智慧水务在"水管家"实施的全生命周期中，能够通过监测感知—控制反馈—IT 技术赋能发挥重要作用。

2.1.1 "水管家"模式主要内容

1. 问题诊断与规划咨询

以现状调查和管网排查为基础，开展问题诊断工作、环境承载力分析，准确把握流域或区域存在的城市涉水问题；依托智慧水务建设，实现资产数字化；在大量前期工作的基础上，开展流域水环境综合治理规划，以顶层规划指导后续工程建设。

2. 监控与辅助监管服务

监控与辅助监管服务有水体污染物溯源和第三方监测服务，如工业污水监测、排污口监控、偷排漏排监测等，工业园区综合能源，排污口溯源与快速预警响应等。

3. 城市供排水一体化服务模式

（1）优质水源服务。包括水源地（水库）建设与运维，水源地保护与水质改善，供水厂建设与运维，原水及自来水输送，管网检测等。

（2）污水治理服务。包括污水厂建设与运维，雨污排水管网提质增效，溢流污染控制，泵站、调蓄池等设施优化调度，污泥处理处置与综合利用等。

（3）生态保护服务。包括黑臭水体治理、河湖治理与岸线整治、生物多样性保护、生态修复与环境治理等。

2.1.2 智慧水务结合点分析

智慧水务的核心是优化管理流程、提升管理效能，目前常见的智慧水务工作注重信息化、可视化，存在与业务脱节、实用性不强等问题，导致用户把智慧水务简单理解为一套可视化系统，是锦上添花的一项内容，整体市场对于智慧水务的接受度和价值评估存在认识不足的问题。结合前期开展长江大保护项目的实践工作，智慧水务在投资阶段现状问题诊断服务、设计阶段辅助优化设计、建设阶段辅助监管、运营阶段降本提质增效、数据资产价值化等方面不断提炼总结，让智慧水务价值定量化，增强用户对智慧水务工作的认同感，推动对水务行业智慧管控落地实效的科学评估。

1. 目标城市投资分析

通过提供临时性的专项监测分析服务，掌握目标城市水质水量现状情况，可视化分类分级统计分析普查资产设施状况，并结合其他城市已有的工程全生命周期数据进行类比分析，辅助前期项目投资估算。

2. 设计规划优化辅助

提供资产设施静态数据及拓扑关系，结合专项实时监测数据，通过快速搭建城市水系统的匹配模型，从涉水系统全局动态调参优化方案，进行设计复核，完善设计方案，提高投资产出比。

3. 建设施工过程监管

提供工程进度和成果的数字化管理工具，针对施工质量、安全、违法行为的实时监控与合规性检查，提高工程质量、降低安全事故风险。

4. 运营痛点问题解决

在水务运营各业务领域和环节发挥作用，在时效性、影响性和经济性方面提供应用支撑。

（1）安全达标运营，针对运营工况中安全问题实时识别、预警预测，提供处置调度方案（如内涝积水、供水压力失衡、黄水污染、危险作业监管等）；快速锁定异常情况，溯源诊断消除隐患（如河道断面水质差、污水管网溢流混接、进出水质水量异常等），确保运营阶段考核指标满足付费要求。

（2）降本提质增效，算法模型辅助自动化精准控制、区域远程集中控制（药耗能耗碳耗按需使用，区域集中控制运行使得人员复用），IT 赋能识别损耗（供水漏损诊断、资产预测性维护降低故障率等），大数据多维度分析辅助运维（分级分类确定频次、方式、最佳路线和任务排班等）；快速响应解决公共事件，提高社会服务质量（水污染水安全事件及时响应，一体化调度处置），辅助识别运营设施薄弱环节（管网渗漏、混接等）；依靠系统实时定位及任务统筹时效监管，便捷智能化辅助管理软件，提高人员运维效率。

2.1.3 "水管家"模式下智慧水务具体内容

（1）勘察设计阶段的咨询诊断数字化服务。

（2）管网排查与检测数字化服务/管网全周期数字化管理系统。

（3）供排水（含固废及综合能源）厂站及管网的监测感知仪表。

（4）供排水厂站（含固废及综合能源）的电气、自控及智能控制（含智能配泵、反冲洗、排泥、内回流、曝气、加药、消毒等）。

（5）生产集中控制平台、管理集中数字化平台。

（6）供排水及固废全过程一体化智能调度执行机构及决策模型算法。

（7）智慧厂区、园区技术（含智慧配电、智能照明、智慧安防、智能巡检、综合能源管理等）。

（8）数字孪生及可视化技术。

（9）数据及网络安全。

长江大保护智慧水务宏观价值分析

智慧水务是国家产业政策鼓励的方向，是落实国家数字经济与长江大保护责任的战略选择，具有广阔的市场前景。随着三峡集团长江大保护工作的不断深入推进，长江大保护项目治理系统化、管理精细化、业务协同化、决策智慧化的需求越来越迫切。

（1）从管理机制上需要做到：集团化管控、系统化运营管理；投建运全周期人财物全要素精细化管理，满足企业级统一管控的要求。

（2）从运营成本上需要做到：节能降耗实现低成本运营；集约化管控；集中化验；无纸化办公等。

（3）从工业化信息化技术手段上需要做到：全流程数据实时监视；远程控制；智能化运营、一体化调度等。

当前长江大保护"城市水管家"项目主要以 PPP 模式施行，结合 PPP 项目投资大、周期长、风险高、考核严等特征以及站在社会资本方全生命周期建设管理角度，对智慧水务的综合效益进行分析。其中，将项目按照主要建设内容分为城市水环境综合治理类项目（涵盖城市排水管网、排水厂站设施、水环境治理、生态修复等）、城市供水全生命周期类项目（涵盖水源地、水厂、供水管网、加压泵站、用户等），结合不同项目类型进行智慧水务价值分析。

2.2.1　水环境综合治理类项目中智慧水务价值分析

城市水环境综合治理类项目，基于排水管网现状和水厂信息化建设现状，构建以集控平台及运营管理平台为主的智慧调控系统，保障排水系统运行效率、提高整体运营维护水平、实现水环境治理目标。其中智慧水务建设价值主要体现在以下几个方面：

1. 项目前期摸清资产本底，降低投资风险

排水管网由于深埋地下，错综复杂，且大多数建设年代较早，日常缺乏系统维护，绝大多数城市管网底数和运行状态难以说清，少数城市开展了管网数字化建设，但缺乏管网动态的维护信息，管网无法与城市建设同步更新，几十年的历史欠账问题寄希望于长江大保护项目来解决，对于社会资本方投资建设风险巨大。社会资本以管网普查、检测信息为基础，通过智慧水务平台实现水务资产全要素入库，构建数据底座，建立地下管网"一张图"，从资产全生命周期进行账册化、数字化管理，摸清家底、解决资产底账不清的问题，清晰的界定区域排水体制、管网走向、资产情况（管网、泵站、闸门、污水厂、河湖等），尤其是管网的健康质量状况、水质水量特征、修复改造难度，使看不见的看得见，说不清的说得清，有助于投资方识别项目主要存在问题及难度，科学规划、辅助决策，降低

投资风险。

2. 设计阶段形成最优方案，准确把握项目投资

设计方案直接关系到项目投资，在本就回报率不高的水环境治理PPP项目中，优化设计方案、提高投资效益是需要重点关注的问题。一是基于管网"一张图"，借助智慧水务管网质检技术，准确、快速识别管网问题，为设计方提供缺陷信息支撑，判别是否对管网问题进行全覆盖针对性设计，而不是盲目地、保守地开展大面积修复改造，实现设计实施阶段动态可知、实时可控，最大程度节省工程投资；二是通过智慧水务数值模拟技术，模拟预测不同设计方案下水环境治理效果，评估治理目标可达性，结合工程投资，寻求最优的设计方案，该部分内容也是长江大保护项目规划设计阶段的重点工作。

3. 建设阶段实现高效管控，保证工程建设质量

地下管网工程是隐形工程、良心工程，长江大保护承载政治使命，投入巨额资金，是践行绿色生态高质量发展理念，造福民生的工程，决不能变成"凉心"工程；同时工程建设质量直接影响到后期运营维护、绩效考核，抓牢、抓实建设过程是保障工程质量的关键。通过收集施工数据信息汇集到智慧水务系统，建设方可以直观地对比建设前存在问题、设计方案以及建设后状态，快速便捷地评判是否按图施工、是否解决原有问题，及时准确掌握建设进度、建设质量，助力项目建设高效管控，验收移交阶段权责清晰、成效可见，保障项目建设达到预期目标。同时，针对施工质量、安全、违法行为的实时监控与合规性检查，降低安全事故风险。

4. 运营阶段实现降本增效，保证投资回报

对于 PPP 项目，工程建设完成后就会转入 20～30 年的漫长运营期，也是资金回流的阶段，但能否实现投资回报取决于两点，一是水环境治理目标是否稳定达标，二是运营成本能否有效降低。这两点的关键仍在于以排水管网为核心的排水系统能够持续健康运行。水环境治理项目三分靠建、七分靠管，如何提高管理效率和保障管理治理是运营阶段的核心问题。

（1）实现水务工作"人在线、物在线、事在线、数在线、服务在线"，水务资产"可知、可视、可控、可预测"

传统排水管网运管模式下，管网建设完成后，管道淤积、破损、入流入渗等无法及时发现，管理情况混乱。在水务设施长效运维中，不能参照传统排水管网运管模式而是要创造一双特殊的"眼睛"，在管网"一张图"基础上，通过水质水量监测设备布设，建立感知"一张网"，做到通过感知设备，排水系统运行状态或问题能及时呈现，让过去"看不见"的都能"看得见"；通过对排水管网运行状态的实时感知、问题或恶化趋势尽早发现，做到心中有数、管控有度、有的放矢，实现对排水设施的精准式、预测式维护，降低大范围轮检的费用，确保污水在管网输移过程中不出现漏接、混接、错接的情况，进厂浓度达标，让"管不住"的都能"管得住"。

通过构建智慧水务运营管控平台，在水务设施巡检、养护、维修、应急抢修等基础运维工作中实现设施账册化管理，结合区域范围内所有涉水设施的远程集中监视、集中控制，实现管理人员运维工作的科学高效调度和有效监管，提高厂网河

湖养护、运行调度等工作效率，降低人力投入成本、提升运维成效。

同时，河湖断面水质达标是城市水环境治理的重要考核指标，通过智慧水务可有效监控水质变化等问题，并结合拓扑关系及模型算法实现污染溯源诊断分析，发现薄弱环节，指导工程整改，从而减缓黑臭对环境的影响。通过智慧水务厂网河湖一体化调度，一方面能够合理控制泵、鼓风机等设施设备经济运行实现节能降耗，另一方面从量化角度摸清排水系统运行规律，充分利用排水系统自身调蓄能力、水质净化厂处理能力，寻求最佳调度方案，最大幅度收纳、处理雨污水，将污染风险降到最低，最大限度支撑河湖水质达标，以争取最大回报；针对城市内涝，减少城市看海，借助于智慧水务水情预测预警技术，可提前对内涝风险进行识别、预警，包括内涝发生时间、发生地点、淹没范围等，同时基于应急预案库提供内涝预防措施，包括提前降低城市河湖水位、提升易涝点排涝能力以及排水系统联调联控等，化被动救急为主动预防，助力城市防灾减灾救灾能力提升。

（2）赋能污水厂智慧内涵，实现降本增效。

传统的水质净化厂，相关报表数据依靠运营人员手动抄录，相关流程操作依靠运营人员的经验，由于运营人员的技能水平高低不一，降低了水质净化厂的运行效率和运行水平，与国家倡导的数字化智慧化升级转型理念相背离。通过智慧水务建设，以 BIM（建筑信息模型）＋GIS（地理信息科学）技术为依托，实现水质净化厂内部工艺和设备状态的三维可视化监控，利用 AI（人工智能）智能算法，通过智能加药、智能曝气，实现污水处理各单元的智能控制，减少人力成本，减少药剂、电耗、污泥处置等物力成本；逐渐发展至少人值守、无人值守，实现降本增效。

5. 政企职责清晰界定，尽量避免纠纷

PPP 项目中，政府方以考核付费方式支付资本方费用，也是项目实施的风险点之一。边界超标来水、排水户偷排等行为都可能导致污水进厂浓度不达标，强降雨可能导致河湖断面水质不达标，第三方或政府方行为可能导致管理范围内发生事故等，面对这些容易有纠纷、影响投资回报的事项，都需要依靠数据提供强有力的支撑。智慧水务平台是贯穿工程全过程管理的分析工具，通过在关键节点布设监测设备，可以及时掌握外来水水质水量信息；通过监测网络溯源技术，可以识别偷排、漏排行为，及时通知政府方履行监管职责；通过预测强降雨引起的正常水质超标现象，可以在绩效考核规则设置时，建议政府设置免责期，合理保障投资方利益；在发生意外事故时，可通过监测数据分析事故原因，合理界定各方责任。

6. 以数据驱动业务，实现资产增值

在物联网、大数据、人工智能时代，数据是最为核心的资产。在漫长的运营期，基于智慧水务系统（数据收集平台）对城市水务系统的长期经营、水务数据的长期积累，一方面通过长期运行能够对城市水务资产状态的评估和运行成本复核，为三峡集团后续其他城市水环境综合整治投资提供数据分析支撑，同时能够量化评估 PPP 项目工程建设效果，为政府工程结

算与运行费用谈判提供依据。通过数据挖掘，可为政府方或其他需求方提供多元化的增值服务，在其他水务业务获取上，实现以数据驱动业务，从运营水务资产向运营数据资产的转变，实现智慧水务最大价值，保证水务资产从资产到资源、再到资本增值递进。

2.2.2 供水全生命周期类项目中智慧水务价值分析

通过智慧供水工程建设，实现对供水系统全面的监控预警，推进信息资源整合与业务协同，加强智能化技术的深度应用，形成由"智慧供水"共享资源体系、智能应用体系、监控预警体系、诊断评估体系、实施保障体系组成的"智慧供水"总体框架。其中智慧水务建设价值主要体现在以下几个方面。

1. 提高资源利用率，保障供水水质安全

通过源水调度、管网调度、错峰调蓄等系统，平衡供水能力与用水需求，实现水资源的合理分配，降低设备能耗；通过水厂智能加药系统和生产管理系统，可根据水质情况实时调控药剂量，实现药剂精准计算、投加，大大节约了药剂成本；通过设备管理、二供管理系统，寻求设备最优搭配组合，提高资源利用效率，降低能耗。

基于物联网技术，在水源地、水厂、管网、供水节点、二次供水、用户端等布置水质在线监测设备，实时监测余氯、氨氮、总氮、COD（化学需氧量）、TDS（总溶解固体）等水质指标，实现超标报警、快速维护，有效控制水质污染事件的发生；同时，通过源水养护、水厂自动化、管网养护、泵站管

理、二供管理等系统，从水厂进水、管网输送、设备末端到用户龙头，全流程保障居民水质的安全稳定，提升供水水质综合达标率，保障供水水质安全。

2. 提高供水保障率，提升科学决策能力

通过智慧供水系统建设，及时发现和减少安全事故和突发事件的损失，最大限度保障国家财产不受损失和人民生活不受影响；通过源水调度、管网调度、错峰调蓄等系统，实现水资源合理分配，缓解高峰期抢水的现象。通过 DMA（独立计量区域）分区管理、漏损分析与管理、产销差管理、大表管理等系统，及时预警、处置泄漏事故，高效处置，降低漏损率；通过管网 GIS、管网水力模型辅助工作人员全面了解供水管网运行情况，作出决策，以事故预警预测系统和管网外业工单系统，及时启动事件预警机制，提高应急处置能力。公众可通过公共监测平台在线软件等举报水体污染事件，及时发现问题，保障用水安全。

3. 提高供水系统管理协同水平

通过设备统一接入平台，实现稳定高效、可拓展的物联网接入，提供物联网设备基础信息管理和维护；通过设备管理平台，统一管理水源—水厂—用水户全流程设备，同时实现各设备的全生命周期管理，科学预测设备剩余寿命，提高设备利用率；通过数据中台，进行统一的数据采集、传输、存储、处理和分析等，打通数据孤岛，提高信息资源利用率；通过公共服务基础支撑中台，实现多业务系统间的互通，提高各业务部门间信息同步，实现水务应用一体化管理，提高任务协同度。

4. 提高业务服务水平和用户满意度

利用移动终端和互联网为市民提供一站式涉水业务服务，实现水质实时投诉、网上办理业务、电子支付、智能水表等功能，使水务公共服务水平大幅度提高，改善供水公司、政府部门、用户之间的互动交流，便于进行高效合理的信息传输。

利用网上营业厅系统、服务热线，搭建与用户之间的桥梁，解决城市取水、供水、用水等问题的诉求和矛盾，提高用户服务便捷度；记录客户信息，为水务企业提供精细化管理所需的统计分析信息，提高服务质量；通过营销类工单系统、报装管理系统、抄表管理系统、工程管理系统、表务管理系统等，提高任务响应速度，快速派发工单，提高报装、抄表效率，实现计量表具的及时维修与更换，提高用户满意度。

2.3

智慧水务量化价值分析

在政策引导和抢占市场的双重驱动下，目前智慧水务行业处于快速发展阶段，部分企业为了快速抢占市场，以追求项目经济效益为出发点，无法维持长期良好的运营和发展，智慧水务建设推广过程中存在目标不明确、定位不清晰、难以推广等问题，部分运营企业仅仅针对厂站等局部做能耗、药耗以及综合成本的分析，对于智慧水务在整个水务投资、设计、施工以及运营过程中真正能够发挥的价值和效益，缺乏系统性的研究分析；同时由于水务行业本身属于公共事业，在考虑量化的经济效益的同时，也要兼顾社会效益和环境效益。

目前结合长江大保护已经开展智慧水务项目，依据政府方考核管理规定，可量化评估的直接和间接效益如下。

2.3.1　投资前现状问题诊断服务

长江大保护项目，一方面基于国家对于三峡集团在当前新形势下的生态环境治理赋予的政治任务，同时也是三峡集团作为国企积极承担社会责任的体现，从项目投资和运营的角度综合考虑，在项目前期需进行重点分析和梳理如何结合长江沿线城市的特点，有针对性地进行项目实施和推进。为保障后续"水管家"模式达标运营，需要配套建设相应的工程项目，建设期投资需整体考虑，运营期每年的人力、能耗、药耗等运营期发生的费用，和当地政府约定的考核付费资金是否相匹配，项目投资回报率和风险等问题，都是全面推进"水管家"模式面临的现实问题。

以九江项目为例，工程投资建设约 140 亿元，前期长江环保集团投入过亿资金对九江中心城区管网全面普查诊断，由于手段和方式上的不成熟，普查和检测对于后续项目实施建设支撑作用大打折扣。基于九江探索总结出的经验，可以借助现有的智慧水务平台＋粗粒度短期监测筛查＋细粒度重点管段检测的方式，花费更少的资金以达到更好的效果，并且能够摸清水质水量的运营现状和城市水务资产健康情况，为工程设计和后续投资建设提供参数支撑，能够产生相关量化价值的经济指标初步估算如下。

1. 降低管线探测费用

在投资调研前期，基于管线普查工作，进行管网 CCTV（闭路电视系统）与 QV（管道潜望镜）的探测，按照行业标准，CCTV 检测单价为 58～76 元/m（按管径），QV 检测单价为 22 元/m。

在工程建设前期，可依托智慧水务开展临时监测诊断服务，以九江管网为例，1～2km 布设一套水质水量监测设备，其中每套监测设备基本组成费用为：人工及设备装卸费 3000 元，设备租赁费 2500 元（按一个月监测周期）、数据诊断分析费 1500 元，合计 7000 元，折合单价为 3.5～7 元/m。

通过对整个片区临时监测的粗略筛选诊断，针对工况较差的局部管道，再开展传统 CCTV 或 QV 探测。相比较投入成本，预计能够节省约 50％以上的探测费用。

2. 摸清现状运行规律

通过前期临测摸排，可以识别重点污染来源，同时能够掌握取水、供水、用水、排水全过程的水质水量运行规律，辅助投资分析，估算可降低风险投资的 2％～5％左右。

2.3.2 设计阶段辅助优化设计

长江大保护项目大多为投资额上亿元的工程项目，采用 PPP 模式，后期通过考核付费的方式，其中设计方案能否满足达标运营的要求，方案是否存在过度设计而导致工程费用的增加等问题需要重点关注；设计本身依靠相关设计规范和标准，设计的合理性和精准性可以通过连续一段时间的监测监控检验；同时，大保护项目设计目标和后续实际运营，需通过量化数据对比，针对性地进行设计复盘，针对方案设计和施工运营的偏差进行分析，通过关联性的指标数据进行辅助设计，这些问题都需要在设计阶段进行管控。

以九江项目为例，设计阶段通过获取大量实时监测数据，来识别不同区域可能的排水趋势和压力，从而合理地确定不同管径和流速等指标，设计阶段通过摸清整个排水现有的薄弱环节和动态规律，是否能减少比如鹤问湖污水厂水质浓度偏低等问题。智慧水务在此阶段可以利用搭建的模型，结合实时的运行数据和多维度数据叠合分析，初步估算能带来 $5\% \sim 10\%$ 的工程投资设计优化，能够产生量化价值的经济指标如下。

1. 提高投资效益

结合人口规模、用水、管网普查成果一张图拓扑、在线监测及模型分析等多维度测算，辅助设计优化管径、建设规模等方面投资，能够精准辅助工程设计，相比于传统设计规范依靠勘测和静态数据做参考，估算至少可以减少投资 $5\% \sim 10\%$。

2. 辅助验证目标可达性

通过建立基于现状的模型，结合智慧水务监测数据，模拟现状情况下设计模型的精准度，率定出一些基本参数，然后再建立针对未来工程的仿真模拟模型，并通过调参来验证设计目标的可达性，能将设计实现概率的可预见性提升 $20\% \sim 35\%$。

2.3.3 建设阶段辅助监管

长江大保护项目在建设的过程中，是否按照设计要求来实施，是否实现全流程监管，建设过程中相关的数据和资料是否同步进行归档，涉及大量的设计图纸、文本等纸质资料是否进行归类和整理；如发生安全质量隐患事故，能否快速进行原因分析和责任定界；工程提交的相关竣工资料是否真实可信等，这些问题都是在工程建设阶段需重点关注的问题。

基于九江的案例，智慧水务可在建设过程中发挥重要作用，通过对建设过程实时监控和过程每个环节工作的信息化留痕，在降低安全事件的同时，还能提升施工总体质量。并且基于信息化系统账册化可视化的快速查询，与传统电子或者纸质材料打印、装订、分类整理存档花费数天时间相比，效率能够大幅度提高。通过智慧水务能够对施工安全事故相关责任划定提供参考和依据，可以通过在线监测数据厘清政企责任，避免项目公司经济上和名誉上的损失。在过程中能够产生量化价值的经济指标如下。

1. 降低安全事故损失

通过工程管理系统，安全管理操作程序及实时监测的运营数据，进行联动辅助工程建设，可减少安全事故的发生，按现行的相关规定，安全事故人身伤亡赔偿在 60 万～80 万元，且政府会对项目公司的安全监管不力进行追责和相应的处罚。

2. 进度和质量管理

可通过统一平台中管线宝、三峡建管宝等相关功能，进行工程进度和质量的实时管控与监督，做到过程管控，降低超期返工。

3. 降低社会影响

可通过智慧水务管理系统实时监控工程过程中的各类违规施工引起的环境污染和社会公众影响。

2.3.4　运营阶段降本提质增效

长江大保护项目运营期一般在 20 年以上，如何能切实地从各个方面通过精细化智能化的管理，达到降本提质增效的目的是项目运营期的一个重点和难点问题。目前整个三峡集团在长江大保护水务运营资产大量扩展形势下，未来将产生大量的人工成本，行业先进水务运营单位因为智慧化数字化的运营方式，同等体量的项目其运营人员可大幅减少。此外针对运营过程中漏损、偷排漏排等现象能否及时诊断锁定，以减少此类营业损失和考核不达标的处罚；能否通过技术手段，将运营的能耗、药耗等指标降下来，以响应国家"双碳"战略，为碳排放削减作出应有的贡献；能否通过精细的设备保养，降低报废的占比，延长使用寿命；三峡"水管家"模式能否真正起到管家的作用，提高业务服务水平和公众满意度，这些问题都亟须以智慧水务为抓手去实现。

通过智慧水务的建设，能够变革运营管理模式，提高人员效率和人才复用比例，降低人员数量；通过精确加药、精确控能等 IT—OT 技术赋能降本；并且通过快速识别异常，一体化处置方式，最短时间解决问题，服务公众。能够产生量化价值的经济指标如下。

1. 人员投入减少

通过智慧水务的建设实现区域化集约化的管控，可以动态调配。结合相关智慧厂站运营经验，以九江现有四个污水厂集控来管理为例，可减少 30%～50% 的厂站运营人员投入。

同时，传统运维养护，需要多人分片区分路线分任务覆盖，智慧水务系统可结合管线等资产设施缺陷及监测数据，制定分级养护任务，设定最优养护计划及路线，并且针对人员巡检过程、效能进行实时监控，通过排名和绩效分析配置适量人员，初步估算相比于传统运维至少可优化 20% 以上人力投入。

2. 快速响应支撑考核付费

根据运营期考核管理规定，针对日常运维及应急事件均有时效性考核，如果没有智慧水务系统作为支撑，靠传统的人工发现或被动告知，将极大地影响响应时效，致使考核不能不达标，不能足额付费，极端情况下智慧水务影响的考核项占付费系数的 10%～15%。

3. 运营药耗、能耗等成本降低

按照前期市场调研，通过相关模型驱动控制的智慧系统运营，能实现年药耗降低 10%～25%，年能耗降低 6%～30%，年综合运行成本降低 6%～25%。考虑到智慧水务工程设备的投资成本回收，结合 20～30 年的运营期，智慧水务运行后 6 年左右时间可基本摊平建设成本，并且能够在现有的基础上实现碳减排 10% 以上。

4. 供水漏损控制，产销差减小

通过智慧水务技术辅助运营，能够降低供水漏损，目前行业普遍漏损在 18%～30%，按照国内外先进企业公布数据在 5%～10%，每年可以节省 50% 以上的漏损损失。

5. 预防性维护增加使用年限，降低故障率

运维的重点是资产，通过智慧水务系统可以建立设备设施全生命周期电子台账，结合实时运营工况，进行预防性维护，降低因为故障导致的停工停产和设备更换。按照相关厂商大数据分析，进行动态预防性维护，可使运营故障率降低 1%～3%，平均设备寿命延长 10%～18%。

6. 安全事件损失降低

针对诸如极端天气及工况的情况，提供实时监测、预警预报及动态联合优化调度和应急处置，在事前、事中、事后尽可能的保障人民生命财产安全，以河南郑州"7·20"特大暴雨

灾害为例，该部分价值是无法估量的。

7. 自动抄表、自助缴费

通过智能化水表自动抄表，实时回传杜绝人工抄表导致扰民、"抄不准"、"估值"等现象，提升服务水平，减少投诉。同时通过与银行、第三方等机构进行数据打通，方便人民群众自助查询缴费。

8. 长江大保护智慧水务价值效益初步测算

按照目前长江大保护项目所涉及的水务资产（水质净化厂、提升泵站、排水管网、农污站点）进行初步测算，每年可带来约 3 亿元的节约空间，具体情况见表 2.3.1。

表 2.3.1　　　　　　　　　智慧水务价值效益初步测算表

序号	资产类型	智慧水务带来的优化空间/（万元/年）
1	水质净化厂	21631
2	提升泵站	8000
3	排水管网	900
4	农污站点	1488
合计		32019

（1）水质净化厂。

目前长江大保护项目涉及水质净化厂在建及投运污水处理规模为 334 万 m^3/d，相关计算参数参考武汉市水务集团排水公司的相关经验，吨水的造价为 5000 元，运营成本为 0.6 元/t，同时人员成本：消耗成本（电耗、药耗）：管理成本＝4：4（3）：2。

1）设备折旧费用（智慧水务建设后，通过预测性运维，设备使用年限从原有的 8 年提高到 10 年）。

水质净化厂总资产：$334 \times 10000 \times 5000 = 167$（亿元）。

设备费（按污水厂投资的 30% 计算）：$167 \times 30\% = 50.1$（亿元）。

设备折旧费节约空间：$50.1 \div 8 - 50.1 \div 10 = 1.2525$（亿元/年）。

2）人工费用。

通过智慧水务建设，人员配置优化 30%。

$0.6 \times 40\% \times 30\% = 0.072$（元/t）

$0.072 \times 334 \times 365 = 8777$（万元/年）$= 0.8777$（亿元/年）

3）电药消耗费用。

按业内水平，通过智慧水务建设，电药消耗节约 20%。

目前长江大保护项目中，水质净化厂使用智能加药、智能曝气设备的处理规模约为 25 万 m^3/d（安徽省六安市凤凰桥二期新概念污水厂、城北污水厂，安徽省芜湖市繁昌污水厂，重庆公路物流基地、南部新城再生水厂，江西省九江市鹤问湖污水处理厂二期、两河地下污水处理厂，共计 7 座污水厂已应用水质净化厂智能控制技术）。

$0.6 \times 30\% \times 20\% = 0.036$（元/t）

$0.036 \times 25 \times 365 = 328.5$（万元/年）$\approx 0.0329$（亿元/年）

综合以上几项，水质净化厂部分通过智慧水务建设带来的优化空间为：

$1.2525 + 0.8777 + 0.0329 = 2.1631$（亿元/年）

（2）提升泵站。

目前长江大保护项目提升泵站 200 座。通过智慧水务建设，可减少泵站日常的人员配置，按照常规泵站值守 2～5 人（每人每年人工费用按照 10 万元计算），通过信息化及集控系统建设，可基本实现无人值守（每个泵站保留 1 人日常运维巡检），该部分优化空间为：

$$4 \times 10 \times 200 = 8000 \text{（万元/年）}$$

（3）管网。

目前长江大保护项目设计管网资产为 1.8 万 km，传统的方式主要以人工运维为主，按照 20km 管网配置 1 人（每人每年人工费用按照 10 万元计算），通过智慧水务建设，可优化人员配置约 10%，该部分优化空间为：

管网运维总人数：$1.8 \times 10000 \div 20 = 900$（人）

优化空间：$900 \times 10\% \times 10 = 900$（万元/年）

（4）农污站点。

目前长江大保护项目设计农污站点为 1400 座。

按吴江农污项目（1200 座农污站点）设计方案计算方式，若未实施智慧水务，运维人员需配置 180 人，每周巡检 2～3 次；若实施智慧水务，运维人员需配置 90 人，每周巡检 1 次。平均路程按 20km，油费按 0.5～2 元/km。人工成本按 10 万元/（人·年）计。

通过智慧水务建设，主要在人工成本以及日常运维（站点巡检路程费用）部分可实现的优化空间为：

人工成本：$180 \div 1200 \times 1400 \times 50\% \times 10 = 1050$（万元/年）

（按人工成本优化 50％考虑）。

日常运维成本：站点间距离按照平均往返路程 20km，路费 1.5 元/km，每周巡检 3 次，通过智慧水务建设日常运维工作频次变成每周巡检 1 次，根据长江大保护运营经验推算每座站点每年可节省运维费用为 20×1.5×（3－1）×（365÷7）≈3129（元）。

长江大保护农污站点每年可节省运维费用为 3129×1400＝438（万元/年）。

农污站点人工成本及日常运维成本的优化空间为 1050＋438＝1488（万元/年）。

2.3.5　数据资产价值

长江大保护项目积累了长江沿线多个城市涉水工程及运营的全生命周期数据，如何利用这些分散的、多维度的数据进行系统的归类整合，挖掘其内在的关联关系，才能真正发挥数据的价值。

通过智慧水务的建设，建立涉水数据图谱，条分缕析地挖掘每个数据指标的背后价值和关联内容，再依托大数据、机器学习、人工智能等技术手段，不断进行数据分析，为三峡集团、行业、国家提供国民经济相关指标的准确数据。能够产生量化价值的经济指标如下。

1. 资产大数据分析

通过智慧水务系统收集的不同区域、项目全生命周期多维度数据，可以量化评估不同工况条件下的投资成本、不同设计施工单位的工作质量、不同品牌设备设施的性能和寿命对比、城市涉水运营情况发展潜力预测等，同时为三峡集团后续投资、选择合作单位、采购及运营成本投入等提供决策辅助。这部分的价值是巨大的，初步估计可以为三峡集团投资 PPP 项目降低 5%～10%的风险。

2. 数据有偿服务

虽然数据资产本身属于当地政府部门，但是当地智慧城市或其他相关在保密条件下的各类系统可直接调用数据，收取适量的接口对接或服务咨询费。

3. 数据资源价值

水务数据资产本身具有价值，可通过与其他行业数据进行交叉识别问题，例如与电力行业数据叠合分析，可以识别偷水、偷排等违法行为，在增加水费收取的同时，减少污染导致的考核不达标，保守估计可以增加 1%左右的运营收入。

目前三峡集团正在推行"水管家"和"能源管家"模式，能够有效地进行数据协同分析，通过节能降耗的过程数据，支撑三峡集团碳达标碳中和落实情况分析。相比于寻找专业机构调研服务收费，至少可以节省百万元以上的咨询服务费用。

同时，国家也在积极探索数据价值，成立了上海数据交易所，数据本身可以作为商品进行交换。掌握长江沿线多个城市水务全过程数据本身带来的价值，保守估计或可部分覆盖智慧水务工程建设过程的投资费用。

2.3.6 智慧水务价值量化指标

根据智慧水务价值分析以及具体项目的实际情况，梳理出智慧水务价值量化指标体系，为后续类似项目开展相关价值评估提供参考，具体价值量化指标见表2.3.2。

表 2.3.2　　　　　　智慧水务价值量化指标

序号	一级目录	指标名称	详细说明（计算公式）
1	人员	运维人员优化率	1－（智慧水务建设后运维人员数/工程建设前运维人员数）×100%
2	资金	药耗成本节约率	1－（智慧水务建设后药耗量/工程建设前药耗量）×100%
3		水费回收率	（用户用水量/供水厂供水水量）×100%
4		二供节能率	（改造后千吨水耗电量/改造前千吨水耗电量）×100%
5	管理	安全事件降低率	1－（智慧水务建设后安全事件经济损失/工程建设前安全事件经济损失）×100%
6		设备故障率	（智慧水务建设后设备故障数/工程建设前设备故障数）×100%
7		水质达标率	（水质达标次数/检测总次数）×100%
8	服务	管网服务压力合格率	［各测压点　日内压力合格累计小时数/（各测压点数×24）］×100%
9		供水事故自动报警率	（系统报警供水事故数量/总供水事故数量）×100%
10		管网抢修及时率	（规定时间内完成修漏次数/管网抢修总数）×100%
11		投诉处理及时率	（及时处理投诉次数/投诉总次数）×100%
12		用户满意度	1－（用户投诉次数/用户沟通次数）×100%

2.4

三峡集团智慧水务成效：
创新城市水务智慧运营模式，
助力提升生态环境治理能力现代化水平

2018年4月26日，习近平总书记在武汉主持召开深入推动长江经济带发展座谈会时明确指出："三峡集团要发挥好应有作用，积极参与长江经济带生态修复和环境保护建设。"五年多来，三峡集团深入学习贯彻习近平总书记重要指示精神，全面参与长江经济带城市水环境治理，按照流域统筹、区域协调、系统治理、标本兼治的基本原则，以整体根本改善城市水环境质量为目标，坚持科学治污、精准治污、依法治污，协同推进系统治理和智慧管理，在安徽六安探索创新的"城市水管家"模式，实现城市涉水基础设施集约化管理、一体化调度，全面提升城市水环境治理效能，引领水务行业数字化转型，有力促进生态环境治理能力现代化。

1. 坚持集约化管控，推动运营模式向全业态监控转变

当前我国水务行业"重建设、轻运营"问题突出，数字化水平不高、效率低下，"只监不控""伪集控"等现象普遍。三峡集团充分借鉴大水电、新能源业务集中监控和工业数字化成熟经验，在六安自主研发我国首个"业态全覆盖、数据全监

视、操作全远控"智慧调度平台，引领水务行业数字化转型。

一是从生态系统整体性和流域系统性出发，将运营业态由单一涉水要素拓展至"厂网河、供排涝"等城市涉水全要素，实现从取水前端、用水中端、处理末端到受纳水体全业态覆盖。

二是在六安城区厂站网以及河道水体布设 5000 余个传感器，实时采集液位、流量、水质等在线监测信息，利用 GIS 一张图对设备启停动作、运行状态、故障及告警等数据全监视。

三是自动化改造六安城区原有涉水设施，通过智慧调度平台远程控制水厂（含供水和污水）部分工艺段设备和全部泵站，实现控制命令可下达、能执行、有反馈。

2. 坚持一体化调度，推动运营模式向整体效益最优转变

三峡集团打破传统水务行业涉水基础设施独立运行，依托智慧调度平台开展排水联排联调、调蓄池调度、泵站时序控制等涉水设施一体化调度应用，实现生态效益、经济效益总体最优。

一是提升应对生态环境风险的城市韧性。结合在线监测数据分析，三峡集团通过厂网互联互通、泵站互调，及时应对水厂（含供水和污水）/站故障、管网爆管、极端暴雨等突发事件，避免污水冒溢、城市内涝、供水安全等问题。在强降雨天气，优化调蓄池库容、管网运行水位、泵站启闭调度预案，提前对六安城区重要管段预降水位，测算调蓄池预留空间，提升应急处置能力。

二是推进城市污水处理系统降本增效。通过 GIS 一张图，全面掌握各污水收集片区污染源和污染量，分析片区内水质净化厂每日能耗状况、来水水质水量变化态势，通过分片区对污水流向合理调度，动态调整水质净化厂进水量，解决部分厂处理量超限溢流和部分处理量较低问题，维持区域污水处理综合产能最大化，同时保证厂外管网低水位运行，提高管内污水流速，减少管网污泥堆积和管网清掏频次，大幅降低运维成本，整体提升污水排放达标率及污水资源化利用率。

3. 坚持体制化改革，推动运营模式向现代化体系转变

三峡集团与六安市全面加强现代化城市水务运营体系建设，为城市水环境治理提供基础支撑。

一是优化组织管理体系。三峡集团作为市场化主体，根据政府授权对城市所有涉水基础设施全生命周期统一规划、统一建设和统一运营；六安市积极推动给排水体制机制改革，统筹多部门联动履行审批、监管、考核职责。双方厘清权责边界，推进实现"一个城市、一个平台、一个运营主体"，彻底解决"九龙治水"、多头管理弊端。

二是健全制度标准体系。三峡集团基于集约化管控模式，建立包括安全生产、环境建设、员工行为等制度体系，编制 14 项标准化文件和 51 套现场作业手册，支撑城市水务规范化、精细化管理。六安市配套建立以污染物削减量为计价标准的付费体系和绩效考核制度体系，推动污水处理从"按量付费"向"按效付费"转变，支持城市涉水基础设施长效发展。

三是升级技术创新体系。三峡集团借鉴电力行业网络安全管理经验，构建行业第一个生产区、管理区物理分区隔离水务生产网，解决集控、生产、运营数据孤岛难题，关键设备、核心系统、数据库等全部实现国产化。以数字巡检代替人工现场巡检，根据预先设置巡检内容、故障判断逻辑等实现一键巡检，基于 AI 功能实时发挥基础安防作用，自动生成巡检报告，实现片区少人化值守。

当前，该模式已经在安徽六安、芜湖，江西九江，南京六合，重庆巫山等项目推广使用。

第 3 章

智慧水务典型案例

3.1

九江市中心城区水环境系统
综合治理二期智慧水务工程项目

3.1.1 项目简介

九江市厂站网河湖全要素提质增效智慧管控平台涵盖智能感知体系、基础设施支撑体系、数据资源体系及智慧应用体系四大业务领域建设，覆盖九江中心城区 $80km^2$ 4 座污水厂、70余座泵站与调蓄提升设施、1917km 排水管网及河湖配套设施，惠及人口 251 万人。项目通过对厂站自控设备及网络安全的标准化建设与改造夯实控制能力；基于日常运营业务实际通过信息化技术手段实现水务工作"人在线、物在线、事在线、数在线、服务在线"；实现对城市各类涉水要素、水务资产的账册式监管；实现对城市水环境及排水运行指标的实时监管；实现对管网系统错接混接、偷排溢流等现象的追溯式监管；实现对内涝积水预警预报、模拟分析以及调度指挥；实现对水质恶化态势研判的决策支持与整治效果的监管考核；对涉水厂站网河水务全要素进行数字化质检复核入库与孪生建模以确保资产数据基底真实可用、可视管理；融合一体化数值机理模型应用赋能与全业态集中监视＋远程控制统筹城市水务运营全监、全控、全调度。

3.1.2 总体架构

平台通过有效整合排水业务、运营人员、资产设施、工作流程、监测数据、计算模型等多元数据，融合信息化、自动化、智慧化、新基建等相关前沿技术元素，通过建立水务设施全入库、监测感知全天候、预警预报全识别、运行隐患全诊断、业务管理全覆盖的智慧水务管控体系，在满足三峡厂站网河一体化运营的同时，为政府主管部门内涝防汛调度指挥以及黑臭水体监管提供管理抓手。

平台整合物联网技术、数字孪生、GIS、遥感、数值模拟技术以及大数据分析等先进技术，通过建库—建网—建模—建平台四部分建设内容，即对九江城市排水工程设施进行数据建库以掌握排水底数；对九江排水系统进行合理监测布点以掌握运行工况；就九江水环境治理重点片区建立仿真模型以对内涝水质等做诊断预警以及通过建设九江智慧水务运营支撑平台，完成排水设施设计、建设、运维全生命周期的数字化转型，形成厂站网河一体化城市级水务运营管理和智能调度能力。

系统总体架构设计详细介绍如图 3.1.1 所示。

1. 建库：涉水数据资源建设

以源厂站网河设施为核心，以统一的标准建立各类基础数据、专业数据及地理数据库，对九江中心城区 $80km^2$ 的涉水资产进行数字化建库。通过 BIM＋GIS 建立重点厂站网可视化模型，实现污水处理厂、泵站及管网数据的二/三维融合的数字化展示，使水务设施资产一图可视、可查、可更新。

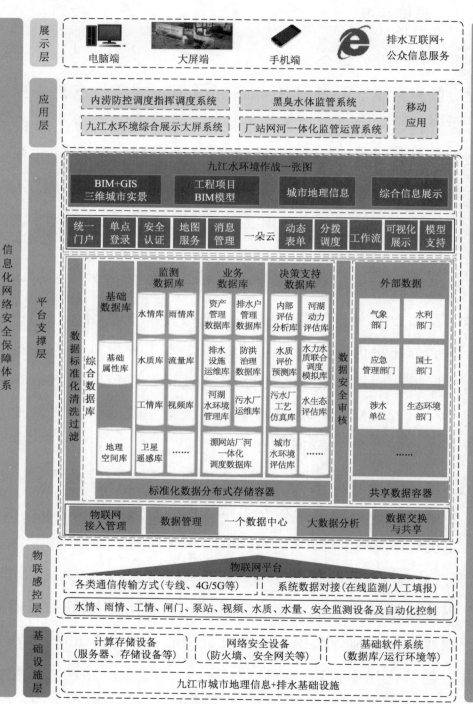

图 3.1.1　系统总体架构设计（后附彩图）

2. 建网：水务智能感知建设

根据城区实际情况，结合现有监测站点，进行相关监测数据类型的站点布设。主要包括流域干支流、湖泊、管网的水位、水量、水质等情况进行监测，对降水情况进行掌握，对城区范围内易涝点进行掌握，对关键河段、区域和地段进行视频监视，对关键涉水建筑物进行远程监控等。

3. 建模：预报调度模型建设

对九江中心城区五大片区排水系统（芳兰、白水湖、长江排口、两河、两湖）建设多元耦合城市内涝水淹模型和水动力水质耦合模型，通过模型运算对城区内涝和内河水质变化进行预警预报。支撑实现厂站网系统运行态势实时评估、预测预报以及优化调度等功能，有效进行污染溯源、内涝预防、溢流控制、平稳输水、节能降耗等调度方案制定，从全局角度驱动厂站网排水系统良好运行，从而有效保证污水进厂水质浓度达标、污水处理出厂水质达标，减少内涝及溢流等现象。

4. 建平台：运营、监管调度平台建设

从业务运营层面建立工程数字化、资产管理、工单管理、在线监测、一体化调度、运营分析、绩效考核等软件应用功能，为业务监管提供基础；同时从业务监管层面建立水体监管、内涝预警预报调度、排水系统运行监管以及城市水环境绩效监管等应用。

3.1.3 核心内容

（1）厂站网河湖全要素数字化入库及账册化图册化管理模

式，建立了统一的数据标准体系与质检入库流程，形成了可信度高达 95％的基础数据底板，如图 3.1.2 所示为基于倾斜摄影空间信息的设施孪生应用，可为智慧化应用提供支撑。

（2）厂站网调蓄设施的全业态集中监视＋远程控制，实时掌握运营态势、建立自动报警体系并通过智能派单处置或者远程控制，解决以往事件信息获取滞后、人员处置不及时、事件闭环流程长的运维长运管难的困境。

（3）污染溯源诊断及风险点识别，结合基础设施拓扑关系、重要节点运行数据以及溯源诊断模型，实现管网 28 处入流入渗点的精准识别与河道污染成因及来源的精准比对与关联度匹配。

（4）内涝风险预警预报，基于气象预报与城市地形数据，提前模拟时空变化趋势，并通过智能算法提供厂网联控预案、能耗优化预案、应急调度预案与动态过程模拟，可提前 12 小时内预演风险，最大限度地降低损失。

（5）量化评估工程效果，基于考核指标体系，通过系统自动抓取、在线填报、智能统计分析，实现实时绩效考核评分与证明材料的系统梳理，为运维考核付费提供依据。

（6）覆盖"水管家"运营源厂站网河湖全链条节点业务智慧化赋能应用，建立形成覆盖 6 大业态、83 个模块、384 个功能模块，实现融合一体化数值机理模型与全业态集中监视＋远程控制模式下的城市排水运营全监全调度。

3.1.4　应用水平

平台上线至今累计开通 316 个用户账号，累计形成的水务

图 3.1.2 基于倾斜摄影空间信息的设施孪生应用（后附彩图）

监测类数据量已超 10 亿量级、水务业务类数据已超 49600 余条、模型预测数据逾千万条。平台目前已在长江大保护沿线城市推广应用，并在水务数字化转型背景下面向行业，以市场化运营模式推广至长三角区域，为水务运营企业提供智水（智慧水务的简称）应用和服务。

3.1.5　主要创新

基于国产自主可控和信创要求研发的平台以数据为纽带，以业务为对象，融合数字化转型云、网、算、模、数等多源创新全栈技术进行水务智慧赋能应用。践行贯穿资产设施普查、设计、施工、运营全生命周期的数智化管理应用；覆盖"水管家"运营源厂站网河湖全链条节点业务智慧化赋能应用；融合一体化数值机理模型与全业态集中监视＋远程控制模式下的城市排水运营全监全调度，为三峡集团探索出具有三峡智水特色的"智慧水管家"实践路径与落地场景应用。

1. 建立长江大保护技术标准体系

在国家及行业标准基础上，基于九江先行先试实践，构建了长江大保护智慧水务技术标准体系，形成基础、通用和专用三大类别，涵盖数据类、监测类、自控类、信息类、应用类 20 余项标准，基本覆盖智慧排水所涉及的各项内容，并在长江大保护推进的 60 余个项目中执行应用。

2. 全生命周期水务数字资产管理

长江大保护项目中第一个实现厂站网河湖全要素"普查-检测-设计-建设-运维"全生命周期数字化管理。以管网为例，普查阶段的 QV、CCTV 及基础信息现场实时采集，系统同步生成基于地图的包含各类属性信息的管线数据，并通过算法自动判读识别功能性与结构性缺陷，形成管线健康评估一张图用于辅助投资设计；设计的各类图纸通过系统模拟建设后三维仿真效果，并智能识别分析潜在缺陷；施工阶段人机环材料同步信息化质量进度流程管理，自动匹配出与设计不一致的管线与区域，最终入库的数据通过系统进行内业质检与外业复核后形成真实可用的本底数据，为智慧应用提供基础，运营阶段的巡检养护情况通过系统实时挂接与更新。

3. 污染溯源诊断分析技术应用

基于低成本溯源监控技术，结合自研数据分析技术，包括时间序列法、质量衡算溯源以及热力学衡算溯源方法，形成了一整套完整的管网分析算法，实现全部管网常态化运行负荷评估，对雨污混接、淤堵、漏损、外水入流入渗、偷排漏排等问题进行定性、定量分析；通过"水基因"污染溯源，对污染水源的吸光度进行分析，提取其光谱特征，与已建立的污染源数据库进行指纹图谱比对，确定污染行业，结合稳定同位素、特征因子等多种溯源方法进行对比验证，确定污染源排放过程，为水环境运维执法提供有效依据。

4. 目标导向的厂网河一体化调度

基于自研的厂网河一体化模型，结合空、天、地多层次点面结合的立体动态监测监控预警及一体化分析诊断处置功能，通过高动态物联网数据下的模型自动校正技术，实时感知水系统的运行态势；同时接入高精度的彩云天气面降雨预测数据，实现未来运行态势预测。

并能够基于天气预报、厂网一体化数值及机理模型模拟管网负荷及内涝演进态势，一屏控制所有重点设施启停及运行参数，基于人工确认的调度方案一键执行相关水位预降、工艺调整、精准加药策略等事前预防推送。经过优化调度，晴天污水厂污水流量日变化系数由 4 降低到 2.5，雨季入河污染负荷同比降低 30%。防汛指挥实现提前 6 小时预警和实时报警。沉淀出适用于九江的具有三峡独立自主产权的数据清洗及厂网调度模型引擎。

3.1.6 效益分析

1. 生产运营优化

（1）效率提升：通过一键填报与自动抓取汇总后台对接相关监管系统，减少 80% 的重复填报工作；自动排班、管线设施精准定位与运维过程在线跟踪，固定运维时间降低到原来的 65%，异常运营工况实时推送、事件控制调度、线上审批流程等相比传统事件及运维处置综合效率提升 38% 左右。

（2）成本降低：相比于传统厂站运营计划人数，平台通过集中控制调度减少 20 余名人员配置，关联逻辑＋数据分析＋自动化控制策略辅助同比药剂投加、节能降耗 26% 左右。物资设施的账册化管控备件用量同比减少 11%。

（3）质量提高：平台设施底数可信率达 95% 以上，优化调度晴天污水厂污水流量日变化系数由 4 降低到 2.5，雨季入河污染负荷同比降低 30%。异常情况快速溯源诊断、形成有效的分析解决方案与应急措施落实，上报问题量同比减少 22%。

（4）安全生产：通过集中监控、人员定位及安全作业要求植入，安全事故由原来每年 2 起降低至无重大事故发生。设备基于异常问题分析树＋运行征兆与预测性周期维护故障率同比减少 17%。

2. 业态服务创新

80% 的工艺操作及安全培训基于数字孪生应用技术；通过平台按季度自动汇总 45% 的考核付费指标及支撑内容项，基于基础设施拓扑链路＋沿程运行数据融合分析累计进行 6 起项目边界/外来污染权责界定。

3. 社会示范效应

作为长江大保护先行先试的展示窗口，平台部署的指挥调度中心平均每周接待厅局级以上干部 3 批次、社会公众及团体累计超 2253 人，作为行业创新案例被央视、国资小新等媒体关注报道，已收录到住房城乡建设部 2023 年智慧水务典型案例。

3.2

六安"智慧水管家"项目

3.2.1 项目简介

六安"智慧水管家"项目范围覆盖六安中心城区 $120km^2$，包括 4 座供水厂、7 座水质净化厂、1 座中水厂、1 座污泥厂、21 座泵站、5 座调蓄池、2400km 排水管网、1300 多公里供水管网等水务资产，服务人口 220 万人。在三峡集团"城市水管家"运营模式下，以水务统一规划、统一建设、统一运营、统一管理和统一调度为目标，通过建设服务于六安"水管家"日常生产运营管理的水务运营管理平台和厂站集约化管控的集中控制平台，实现六安"水管家"源厂站网河水务全资产、全业务的信息化、数字化、智慧化运营管理，实现"水管家"公司运营范围内供水厂、污水厂、污水泵站、调蓄池等水务调度控制对象在城北集控中心的集约化管控与少人管理，在集控模式下实现了对六安城市水务全业态数据采集、集中监控和联调联动功能，由传统水务独立运营模式过渡到集中管控运行、各厂站少人值守，实现精准治水、降本增效，引领水务行业工业数字化转型。

3.2.2 核心内容

六安"城市水管家"统筹考虑厂网河、供排涝一体调度管理,以"业态全覆盖"、"数据全监视"及"操作全远控"为目标,建设"厂站级、区域级"两级调度管理,在水务行业创新性应用生产区、管理区物理分区隔离的网络架构,打造符合公司高质量发展的"水管家"调度系统。通过集中监视、远程控制,打破传统水务"独立运营+单兵作战"的运营模式,逐步实现"集中管控+少人值守"的运营新模式。基于国产操作系统、服务器、数据库、网络设备进行开发,实现了国产化自主可控及软硬件适配。该项目实现的主要功能如下:

(1)多业态数据监视功能:各类型厂站的PLC、智能传感器、工艺成套设备的生产状态数据及工艺数据的采集技术。设备接入、设备管理、连接管理、消息处理、规则引擎、生命周期管理、日志管理等功能,实现"数据全接入,业态全覆盖"。

(2)多厂站集中控制:远程对厂站工艺设备的远程分级控制,冗余设备自动切换,操作互斥及操作权限管理等,实现厂站设备的"操作全远控"。

(3)一体化调度:污水调度、污泥调度、泵站衡水位运行等调度功能。

(4)其他功能:系统具有管网在线监测、故障总览、设备控制、工艺组态、时序控制、数智巡检等二十余项功能。

3.2.3 应用水平

(1)业态全覆盖:平台实现对厂网河、供排涝统一管控。

（2）数据全监视：各工艺段在线监测、设备运行启停、故障报警信息，开关量、模拟量、视频画面等，比如鼓风机电压电流、振动、风量、能耗等数据。从工艺段来讲，包括：粗格栅、进水泵房、细格栅、沉沙池、生化池、深床滤池、紫外、消毒等。特别是在行业上常常忽略的除臭、配电、UPS 等数据，在集控中心也可以实时查看。

（3）操作全远控：在集控中心，可以远程控制主要设备，比如：鼓风机、搅拌器、闸门、阀门等，甚至配电房的一次电气设备的开关动作等。

（4）降本增效少人值守初见成效：整合供排水业务资源和优化人员配置，改变企业组织架构，通过集控中心建设、集中水质检测，实现水厂现场值守人员减少 30％，曝气吨水能耗节省 20％，碳源投加吨水药耗减少 20％，药剂吨水药耗减少 20％，污泥吨水产量减少 20％。

（5）一体化调度发挥综合效益：搭建 SWMM（暴雨洪水管理模型）模型，形成一系列的一体化智慧调度"组合拳"，实现泵站错峰调度（控制泵排区水量，主要思路为用水低峰期排水，用水高峰期尽可能蓄水）、片区错峰调度（错峰排放，不仅要泵站之间错峰，也需要泵排区和自流区错峰）、控制水质净化厂运行水位（城北污水厂控制水位在 4.5～5m 之间即可保证河道排口旱天不溢流，无需封堵排口，管网水位健康运行，突发事件存留调度空间）、雨季调度（保证小雨不冒溢，大雨少冒溢精准计算雨水排口气囊开启时间，初雨污染及时收集，保证清水入河减少河道污染与城市积涝路段），累计开展一体化调度 15 次。

（6）数智巡检：通过语音报警、事件简报、视频监控等方式，实现了数智巡检，不仅提高巡检工作效率，还可以及时、准确发现和定位故障，实现报警联动。巡检时间从 2 小时降至 4 小时；故障处理及时性提高 60％。

3.2.4　主要创新

1. 业态全覆盖

六安"城市水管家"系统接入包括城市水务行业的厂站网所有业态。业态包含污水泵站、提升泵站、排涝泵站等各类泵站、水质净化厂、污水处理厂、自来水厂、调蓄池、污泥处理中心、各类管网。通过多协议规约，实现业态全覆盖。

2. 数据全监视

以六安"城市水管家"系统为核心，开发独立的通信应用模块接入外部数据。实现六安"城市水管家"集控系统与常规 modbus 设备的串口、网络通信；六安"城市水管家"集控系统与物联网平台采用中间件的方式通信，集控系统与 PLC（可编程逻辑控制器）信箱、OPC（开放平台通信）通信、modread 通信。六安"城市水管家"集控系统将所有通信数据统一写入调控平台数据库及历史库。再通过平台其他功能调用、转发、显示相关数据。实现了各类型厂站的 PLC、智能传感器、工艺成套设备的生产数据的全接入。如图 3.2.1 所示，展示了系统供水调度。

3. 操作全远控

六安"城市水管家"系统保留厂站监控系统，针对集控、

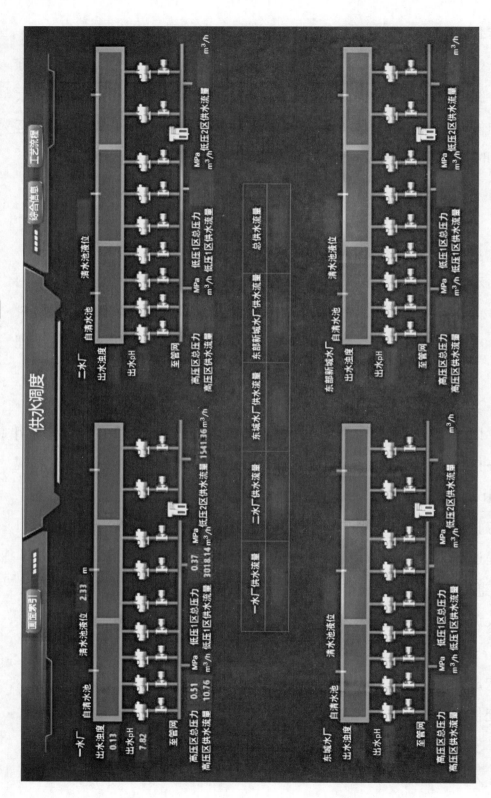

图 3.2.1 供水调度页面（后附彩图）

厂站、现地操作源众多的情况，为保证操作安全，梳理并管理各操作员的权限问题，实现了精细化管理，保证设备设施的运行安全以及各个水处理环节的安全。

控制、调节权限按现地/厂站层、区域集控层的顺序从高到低，控制、调节的权限通过切换开关或软功能键切换，有相应的闭锁条件。原则上，上一层可以要求下一层切换控制、调节权，下一层按上一层的要求切换控制、调节权，只有当下一层的控制、调节权切换到上一层，上一层才能进行控制、调节。集控的方式相对较为灵活，调控权限最高。

当由于故障使得现地/厂站与各级集控中心联系中断时，可通过厂站控制室的操作员站或 LCU（现地控制单元）对相应设备进行控制。

4. 国产全应用

六安"城市水管家"系统作为生产控制大区的大脑，必须实现软件独立自主开发，操作系统及数据库全面国产化。六安"城市水管家"集控系统采用国产凝思操作系统，国产达梦数据库，并自主研发了六安"城市水管家"集控系统，克服了集控系统与凝思操作系统、达梦数据库等国产系统深度适配难的问题，并进行了软件兼容性、功能性测试和验证、优化工作。

3.2.5 效益分析

六安"城市水管家"系统在六安"城市水管家"全域使用，截至目前，项目在节水、节能、节材、节约人力、提高效率等方面取得了良好的经济效益和社会效益。

1. 降本增效少人值守初见成效

整合供排水业务资源和优化人员配置，改变企业组织架构，集中水质检测，实现污水处理厂现场值守人员减少约30%。以凤凰桥水质净化厂为例：曝气吨水能耗节省约14%，碳源投加吨水药耗减少约12.5%，药剂吨水药耗减少约10%，污泥吨水产量减少约12%。

2. 一体化调度发挥综合效益

搭建排水调度模型，形成一系列的一体化智慧调度"组合拳"。

一是提升应急处理能力，避免污水直排。例如任何一个水质净化厂因故障或检修导致停产或减产，通过泵站互调，将污水调至其他厂站处理，避免污水直排。

二是实现污水处理经济效益最大化。例如城北厂处理污水耗能最低，处理成本也最低，通过跨区域调度，城北厂尽量发挥最大处理能力，实现整个系统经济效益最优。

三是可以有效降低管网运行水位，实现低水位、恒水位运行，可以加快管网内污水流速，减少管网内污泥沉淀。

3. 赋能"城市水管家"智慧化运营

利用系统的"一键巡检""视频巡检"等功能，六安"水管家"公司的厂站中控室逐步取消，厂站运维人员也逐步减少，人工巡检频率从原先的2小时/次改为4小时/次，未来厂站将实现无人值守、片区少人值守的运营模式，推动运营模式向现代化体系转变。

吴江水务集团智慧管理 平台（一期）项目

3.3.1 项目简介

目前苏州市吴江区被纳入长三角一体化发展示范区，为助力吴江区建立产城乡全覆盖、厂网河湖岸一体化的综合治理创新体系，塑造"生态、韧性、智慧、低碳、可持续"的吴江形象，打造长三角生态绿色一体化发展示范区治水新标杆，吴江水务集团智慧管理平台（一期）项目构建以"1＋2＋N"为总体架构的核心建设内容。即1个数据赋能底座、2个兼顾生产和运营的集中控制平台和运营管理平台以及面向吴江水务集团的厂站、管网、农污、水质检测的N个业务应用。按照吴江水务集团集控要求构建的厂站三级集中控制平台及统一国产上位组态软件程序平替建设；完成厂站业务应用系统、管网全生命周期管理系统、水质检测实验室管理系统以及吴江全区水务运营驾驶舱开发应用；基于信创自主可控要求的计算存储设备、网络安全设备、数据库、中间件以及操作系统等国产化支持软件平替建设；8厂与附属泵站自动化控制存量设施及仪器仪表、安防设施改造与集成；吴江水务运营统一数据标准规范体系及厂站网资产全要素数字化建设。吴江水务集团智慧管理平台

（一期）的建设成果将作为数字化连接纽带，融入应用到"水管家"智慧运营过程中，服务"水管家"发挥示范引领作用，成为长三角一体化发展国家战略的先手棋和突破口。

3.3.2　总体架构

根据《吴江区"十四五"污水数字化规划》建设阶段及内容要求，结合业务调研现状，本次吴江水务集团污水数字化平台总体按照"1＋2＋N"的框架进行构建（图3.3.1），即1个赋能底座、2个兼顾生产的集中控制平台与管理的运营管理平台，以及N个面向业务部门及场景的建设。吴江数字化项目总体建设思路如图3.3.1所示。

如图3.3.2所示，平台采用分层架构进行设计、建设，包括控制层、基础设施层、服务层、数据存储层、支撑平台层、应用层、Web（网页）接口层、前端UI（用户界面）层以及用户访问层，通过分层式设计实现分散关注、松散耦合、逻辑复用、标准定义等目标。平台总体架构如图3.3.2所示。

基于统一的平台满足苏州市吴江再生水有限公司现有厂站网等业务应用，支撑前端业务快速变化和发展，通过服务编排和服务组合的方式，实现业务高度复用，快速支撑上层业务构建，保证业务的灵活、高效和便捷。配置用户中心、消息中心、日志中心、文档中心、流程中心、报表中心、监测中心、工单中心、事件中心、GIS中心、绩效考核中心等。提供性能监控及告警，具有自动伸缩的能力，以满足用户访问活动高峰与低谷对资源的动态要求。

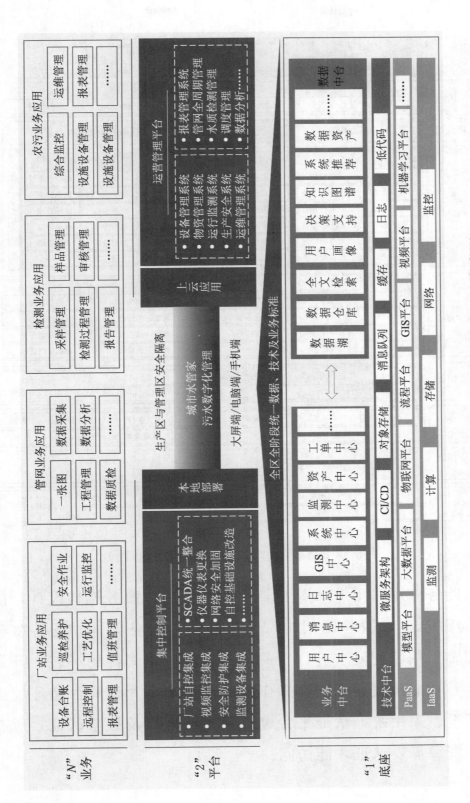

图 3.3.1 吴江数字化项目总体建设思路（后附彩图）

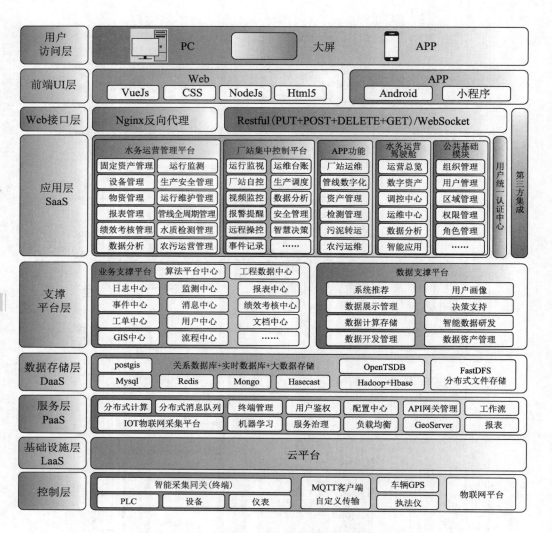

图 3.3.2　平台总体架构图（后附彩图）

　　业务应用采用 B/S 架构，前后端分离微服务架构设计，前端采用 Vue.js 微前端架构，后端采用微服务架构，支持多节点部署。按信创要求进行相关支撑软件及中间件的平替，开发软件及功能模块基于国产操作系统及国产芯片计算存储环境进行开发。采用统一认证平台进行用户认证以及权限认证，所有服务资源需要认证才能访问。

3.3.3 核心内容

通过数字化管控手段实现全业务流程的无纸化，提供统一运营管理平台满足集团级人、资、物的统筹调配与管理需求，对下属管辖的污水厂、泵站、管网、农污等全业态进行全流程的实时监视和控制，并实时对各类水务数据进行记录、统计、分析，进行生产运营情况评估，实现工艺流程透明化、生产数据公开化和重要环节可视化，进行经营决策指导实际运营工作。其中厂站运营管理实现中心厂集中控制、片区级厂站运营管理、厂级综合管理（含实时监控报警与可视化展示，远程掌控；污水厂精细化运营，实现运行工艺最优化；模型驱动实现曝气、加药流程智能化；智慧化生产运营管理实现生产流程透明化、责任可溯化；建立知识经验库，提高紧急状态下的决策质量；建立泵站综合管理和智慧化泵站运行平台；设备资产数字化，实现泵站设备生命周期管理；建立厂站物联网及安防系统管理、厂区车辆识别与无人称重管理、管网数字化管理业务、排水检测业务、排水户管理等内容）。吴江水务集团智慧管理平台如图 3.3.3 所示。

3.3.4 应用水平

项目建设范围近期涵盖下属苏州市吴江再生水有限公司管辖的 8 座污水厂、71 座泵站、750km 排水主干管网、1300 余个排水户、2000 余座农污站点以及 1 个水质检测实验室。基本囊括吴江水务集团现有经营管理范围内的源厂站网排水全链条

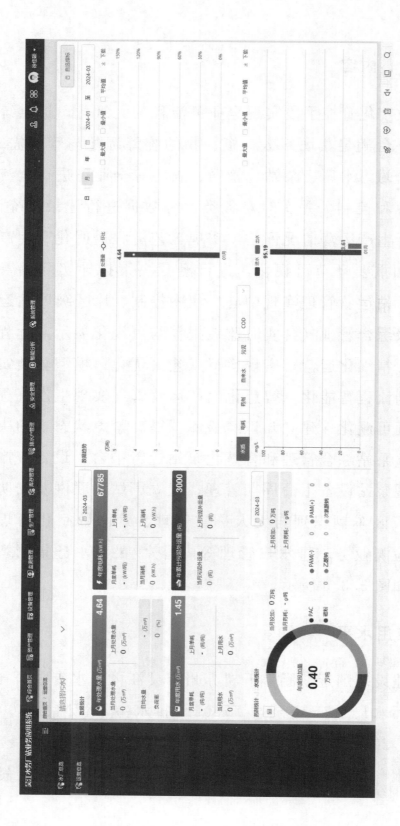

图 3.3.3　吴江水务集团智慧管理平台（后附彩图）

业务智慧化应用。根据规划吴江水务集团将整合吴江区全域排水涉水生产管理单位，统筹管理辖区排水事务，建立全区污水"统一规划、统一建设、统一运营、统一监管"的"四统一"治理体系，远期吴江水务集团智慧管理平台应用范围将覆盖苏州市吴江全域。

3.3.5 主要创新

（1）基于长江大保护智慧水务数年来产学研用沉淀的技术与孵化的产品，探索出对外经营承揽市场化项目的商务实施路径，自主营销推介实现三峡智水技术与服务的对外输出和价值变现创收。

（2）水务行业首个全面践行国家信创自主可控战略与国产化平替的落地实施项目，项目涉及计算存储芯片、操作系统、数据库、中间件、自动化控制组态软件、网络及信息安全设备全部为国产自主可控品牌，率先将国产自主可控要求贯穿项目全过程工作，通过项目的整合与迭代测试，为三峡集团2027年智慧水务全面国产化提供先行先试经验。

（3）三峡"水管家"特色智水理念与服务贯穿项目全生命周期，通过三峡智慧水务公司、长江生态环保集团数字化中心及长三角区域公司合力协同组建智水服务专班，在项目策划-设计-实施全过程，整合多专业进行项目现状摸底调研、需求分析、方案设计与项目落地实施，为后续"水管家"运营提供精细化运营管理抓手。

（4）围绕项目布局科技创新，做实科技成果转化。在项目中合理科学融入三峡整合水务公司在智能感知、智慧运营、数值仿真、数据治理等领域科技创新，通过持续科研投入做有市场价值、有应用场景的技术攻关，在科技成果转化、产出上下足功夫，通过产品化包装、项目化应用、场景化输出等形式提升技术可展示、可表达、可输出能力。

3.3.6 效益分析

1. 经济效益

（1）优化提升经营模式，提高效能降低成本。

项目以生产资料数字化、生产运营数字化、生产工艺数字化为吴江水务集团数字化转型第一阶段目标，通过8厂71泵站的自控、安防、仪器仪表改造，夯实自动化、信息化、数字化、智慧化管控基础条件，8厂合1的集中控制平台建设实现传统生产运营模式向集约化管控模式的转变，厂站生产运行减员增效。750余公里排水主干管网的数字化入库与数据全周期治理，实现水务资产数据统一管理，100％图册化，底数可信率超95％，工作效率提高40％。吴江水务集团资产从入库、使用、调拨、借用、报废全生命周期数字化管理，100％线上无纸化留痕，流程标准化、简约化，大幅提高工作效率。通过数字化赋能吴江水务集团水务运营管理，自上而下树立数字化运营管理意识，以水务运营管理平台和集中控制平台为管理抓手，成熟水务数字化运营管家模式，通过高效的智慧化管理手段，实现精细管理、精益运营，提高运行管理效率，减少运营人员投入，降低人力成本。

（2）提升吴江水务集团应急能力，降低运行安全风险。

基于厂站网等水务设施运行监测、故障报警、风险预警等功能的实现，可快速、精准识别管网冒溢、安防入侵等各类风险事件，并根据预案进行及时应对处置，规避风险、消除影响、降低损失，有效提升吴江水务集团对突发性灾害和潜在危险的快速反应能力，保障社会正常运转。

（3）涉水数据价值挖掘，辅助"水管家"投资分析。

通过本项目的建设，摸清了吴江再生水有限公司现有厂站网及涉水相关资产的家底，现有设施设备运营状态，积累了全区域数字化静态及动态数据，通过智能化分析应用，辅助环保集团"水管家"进行城市水务资产状态的评估和运行成本复核，为环保集团投资"水管家"公司提供数据分析支撑，为水务运营模式优化及效益评估提供分析依据。

2. 社会效益

（1）三峡"水管家"与特色智水理念深度融入长三角一体化示范区水务数字化转型发展。

本项目是三峡自主策划、设计、建设，探索出了一条智慧水务项目全生命周期服务与实施路径，在策划设计中将三峡智慧"水管家"等三峡特色智水理念深度融入吴江水务集团水务数字化转型工作，将三峡集团在长江大保护智慧水务工作中探索和沉淀的业务咨询设计、智水产品、智水技术实力充分展现、应用至项目全生命周期，解决了业主面临的污水数字化整体规划思路、生产和运营管理平台实现路径、厂站网改造计划、数字化团队建设方案等顶层决策问题。

（2）引领水务行业率先落实信创战略实施推广，推动水务行业国产自主可控化。

基于信创要求，本项目是水务行业首个全面贯彻国产自主可控战略要求的先行先试项目，在项目策划—设计—建设过程中沉淀的水务信创业务咨询设计、项目实施经验，以及产品、技术、人才，为行业同类项目建设提供先行先试经验和技术引领，助力水务行业数字化转型发展。对本项目范围内涉及自控系统、操作系统、数据库、中间件、网络及信息安全设备等所有软硬件进行全面国产化替代，以打造国内水务行业首个全面贯彻国产信创自主可控的数字化标杆项目为目标，将国产自主可控要求贯穿项目全过程工作，解决国产化替代实施进程中的技术问题，在实践中探索国产化要求下智水技术与水务运营管理的深度融合。

（3）为充分彰显吴江水务集团及"水管家"精细化运营管理提供数字化载体与交流平台。

本次吴江水务集团污水数字化项目的建设是积极响应国家及江苏省、苏州市数字化转型要求，通过平台的建设实现信息采集、远程监控、智能调度、智慧预警、智慧运维等功能，为设施运行维护管理、污水系统治理提供辅助决策，为吴江水务集团水务数字化运营模式的探索和实践成果提供推介宣传窗口。并先后接待了江苏省发展改革委、苏州市政府以及社会公众对吴江水务及"水管家"模式可视化的动态了解。

3.4

黄陂农污智慧运营平台项目

3.4.1　项目简介

黄陂农污智慧运营平台项目服务于武汉黄陂区 596 座集中污水处理设施、25178 座分散式污水处理设施，总处理规模 24193m³/d，致力于解决黄陂农村生活污水处理站点数量多、分布散、低运管、运营成本高的问题，确保农污设施"建得起、用得起"，避免出现"晒太阳"工程。该项目在农污处理设施数字化的基础上，通过对设备设施运行状态的实时采集、存储、管理、分析，结合远程控制、异常报警、工单派发、民众上报，实现农污资产设施全要素账册化管理、农污站点设备状态全指标实时监管、日常生产运营规范化精细化管理、自动故障告警和智慧运维调度关联分析、水质化验数据分析与报表自动抓取、运维人员 KPI 考核和运管专家库决策支持等主要功能，实现农村污水精细化管理。

3.4.2　总体架构

黄陂区农村生活污水处理平台总体架构包括感知层、基础设施层、数据资源层、应用支撑平台层、综合业务应用层、用户层和两个体系，总体架构如图 3.4.1 所示。

1. 感知层

实现农村污水处理设施站点的机泵状态、液位、流量、视频监控等数据的采集和接入（具体接入内容以站点实际可接入设备数据为准）。

2. 基础设施层

为系统各部分功能提供硬件及网络支撑，硬件部分包括服务器、大屏硬件、网络安全设施等内容；网络支撑则依托运营商提供网络基础运行保障环境，包括硬件设备之间、硬软件之间的网络互联。为实现农村污水处理设施远程统一控制、统一视频监控、系统运行及数据存储和大屏展示提供支撑作用。

3. 数据资源层

建设监测类、管理类、基础类、多媒体类、空间类、共享交互类六类数据库，实现数据的统一存储管理、汇集、数据维护更新等。

4. 应用支撑平台层

应用支撑平台层包括统一视频监控、物联网平台、查询服务、专业图表等配套基础支撑软件。

5. 综合业务应用层

综合业务应用层包括大屏综合系统、PC 端运营管理系统以及移动应用 APP。围绕政府监管、企业运维管理、公众参与三个方面打造农村生活污水处理设施运维管控平台，提供农村污水处理运维全过程的实时监测、报警管理、视频图像、运维管理、运营分析等服务，达到节约能耗、降低成本、提高效率的目的。

图 3.4.1　总体架构图（后附彩图）

6. 用户层

用户是本项目最终的使用者，主要包括政府用户、企业用户（项目公司、运维公司）和公众用户。

3.4.3 核心内容

在农污设施数字化的基础上，通过对站点设备运行状态的实时感知、采集，结合远程控制、异常报警、工单派发、民众上报等系统功能，涵盖了农村污水运营管理涉及的全要素全业务及全流程内容。针对运维人员不同工作需求，多措并举全方位实施数字化赋能，构建了功能全面的电脑端、随时随地查看的手机移动端、宏观展示综合运营态势的大屏端、远程高效可靠地掌握各类舆情信息的微信端小程序4个系统，通过交互应用形式，支持水务运营各类管理及现场人员在不同场景下的使用，助力农村污水的精细化管理，实现全区智慧化运维管控，大大提升了黄陂区应急处置能力及农污治理效能。

1. 功能全面的电脑端用于日常管理

电脑端黄陂农污运维管理系统设计构建了个人首页、管网管理、监测中心、报警管理、设备中心、物资管理、工单中心、控制中心等核心功能，实现智慧管控、智慧运维调度，提升农村污水精细化管理水平，实现少/无人值守、远程监控，推动分散式污水处理设施稳定运行和降低人员管理成本，赋能农村生活污水处理站点低成本高效率运营。

2. 随时随地查看的手机移动端用于便携处置

手机移动端黄陂农污运维管理系统包括首页、报警管理、工单中心、设备中心、隐患管理、人员管理、消息中心。可实现随时随地对各设备设施的运行状态进行集中管控、查询设施基础信息及工况监测实时数据和工单、报警等信息。

3. 宏观展示综合运营态势的大屏端用于统筹调度

大屏端黄陂农污运维管理系统在满足农污项目运维需求的同时，基于故障告警与智慧运维调度的分散式智慧管控关键技术研发。大屏端系统基于 GIS 地图服务，叠加污水处理站的地理信息数据，以一张图的形式展现各站点的空间分布，实时掌握站点设备设施运行状态数据，动态获取巡检人员的轨迹，及时发现设备的报警位置，并对故障告警进行分析，结合历史运维数据、现场人员情况、站点监控视频等业务数据，通过内置规则引擎派发工单，实现站点日常运维、调度，为管理者呈现整个农污系统的"电子沙盘"，更便捷、高效、全面地反映农污的总体管控态势。大屏端黄陂农污运维管理系统如图 3.4.2 所示。

4. 掌握各类舆情信息的微信端小程序便于远程监管

微信端小程序黄陂农污运维管理系统是大数据监控农污使用状况和及时上报异常信息的关键手段。系统属于轻应用，针对用户大部分为村民的实际情况，无需下载安装，可通过线上搜索或线下扫码的方式直接使用，具备极佳的使用体验感。微信端小程序"首页"模块展示黄陂项目片区运维人员姓名和联系方式，方便公众直接联系，减少公众向政府投诉事件数；"项目介绍"和"安全须知"模块提供了黄陂农污项目的概况、

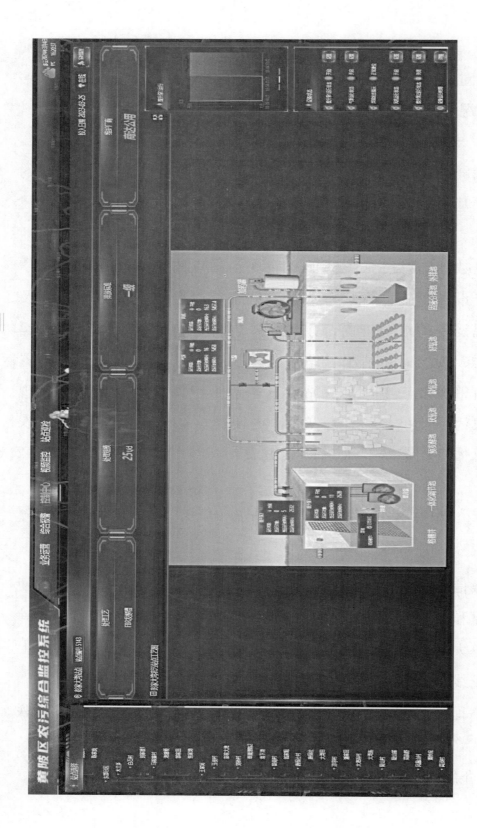

图 3.4.2 大屏端黄陂农污运维管理系统（后附彩图）

如何安全使用农污设备等相关资料；"上报"模块是公众线上填报投诉信息的窗口，公众可以通过该模块，上传异常位置、异常情况等，并且可以查看历史上报信息的处理进程。使用该系统有利于公众了解黄陂农污建设内容和农污设施日常使用须知，也方便自助实时上报各类异常情况；同时也有助于运维管理单位远程高效可靠地掌握各类舆情信息，便于及时作出反应及处理，提高服务质量。

3.4.4 应用水平

黄陂农污项目至今累计服务 124 个用户，指导完成 2000 余个自然村、596 座集中式污水处理设施、25178 座分散式污水处理设施、1800km 污水管网的运营管理工作，助力农村污水的精细化管理，大大提升了黄陂区应急处置能力及农污治理效能。后续将面向全国农污行业推广。

3.4.5 主要创新

基于成熟的工业物联网技术、云技术，采用微服务架构方式，开发电脑端、移动端、大屏端、微信端小程序 4 个系统，通过交互应用形式，支持水务运营各类管理及现场人员在不同场景下的使用；平台基于各农污站点的拓扑结构信息，结合聚类算法和贪婪算法，开展多站点人员调度优化方法研究，实现在站点多、分布散、运维费用低的客观条件下，优化人员调度运维方案，平衡运维人员投入数量与单人工作时长，形成人员调度优化算法；平台创新性地多措并举践行数字化农污运营，构建农村村庄生活污水治理和运营管理新模式，实现农污设施运行全远程自动化控制、农污资产设施数字化全入库、农污运营管理工作全过程无纸化、农污运营调度决策从依赖人工经验转变为智能化方式；作为长江大保护智慧化农村污水运营先行先试探索，承担厘清契合长江大保护的数据管理和运营管理需求，先行探索三峡特色智慧农污管控模式。

3.4.6 效益分析

本项目的经济效益主要体现为因信息化、数字化技术产生的运维期效益，以及改善水环境后减少因水污染而造成的经济损失等间接效益。设施运行状态实时监控提升问题处置效率15%以上，降低设备故障率10%左右；设施设备远程控制降低人员成本15%左右；共计一年可节约运维成本316万元，设备折旧费用优化1600万元。设备远程控制功能的实现，减少人员现场操作安全事故率；设施设备的正常运转，减少因水污染而造成的经济损失、增加渔业产量和质量、推动当地旅游业的发展和增加第三产业的收入等间接效益。

本项目建设有效地改善生态环境，有助于当地树立起更加良好的形象，使人民更加安居乐业，对促进社会的安定团结和社会经济的发展进步有重要作用，新华社、长江日报、湖北日报等官方媒体先后宣传报道黄陂农村村庄生活污水治理模式及运营模式，高度赞扬本项目建设成效，产生明显的社会效益。

项目在提高企业生产运营管控能力，提升产业信息化水平的同时，推进农村生活污水处理站信息化建设，确保农村污水处理站正常运行，污水稳定达标排放，赋能村湾里水清岸绿美丽乡村景象，进一步有效改善群众生活质量，实现了经济、社会、生态三大效益相统一。

3.5

重庆花溪河流域智慧水务工程项目

3.5.1 项目简介

项目范围覆盖花溪河全流域面积 $268.46km^2$ 范围内的 6 座新建污水厂、17 座新建一体化泵站、21 处重点监测河流考核断面、1218km 排水管网等重要节点要素，惠及人口约 40 万。通过整合已有信息资源，建设水务运维管理平台，系统接入了新建、改建的 140km 的排水管网数据，114 个点位的视频监控数据，5 个泵站的设备运行状态指标，29 个管网水质监测数据，还包括 2 座再生水厂和 4 座水质净化站的位置及属性信息、进出水水质情况、各工艺段的实时运行情况。花溪河智慧水务工程建设了以源厂站网河多位一体的智能感知监测网络，通过先进的物联网技术、通信技术、传感技术、大数据、移动互联等现代化的信息技术手段，实现了对花溪河流域管理对象的全生命周期全要素全面感知、数据信息全面互联、辅助优化运行调度和高效开展考核评估，为业务决策提供有效的数据信息支撑，同时为保障花溪河流域水质安全规划实施、运行管理与绩效考核全过程提供了精准信息化管控工具，从而提升了管理运营单位的管理决策水平和运营效率。

3.5.2　总体架构

重庆巴南花溪河智慧水务运营管理平台系统功能主要以业务和技术双驱动，软件解耦、复用和标准化为思想，规划为"三域六层两体系"的功能体系架构，包括平台服务域、运维管理域和能力开放域，以及感知层、网络层、设施层、支撑层、应用层、访问层和运维保障体系、标准规范体系，具体如图 3.5.1 所示。

1. 平台服务域

平台服务域是整个系统的核心，是系统具体业务、数据和能力的承载，平台服务域分为六层，包括感知层、网络层、设施层、支撑层、应用层和访问层，具体说明如下：

（1）感知层。

感知层是平台实现其"智慧"的基本条件。感知层具有超强的环境感知能力和智能性，通过传感器、传感网等物联网技术实现对排水设施、水量、水压、水质的监测和控制。感知层主要由流量、水质、液位、视频、网关等传感器和远传设备组成。

（2）网络层。

网络层是云平台的信息高速公路，主要实现信息的可靠传输和路由。网络层可依托公众互联网、吴江水务集团内网和局域网，以及无线传感器物联网等专用网络实现。

（3）设施层。

设施层为上层各个模块提供存储、计算和网络等实施资源，

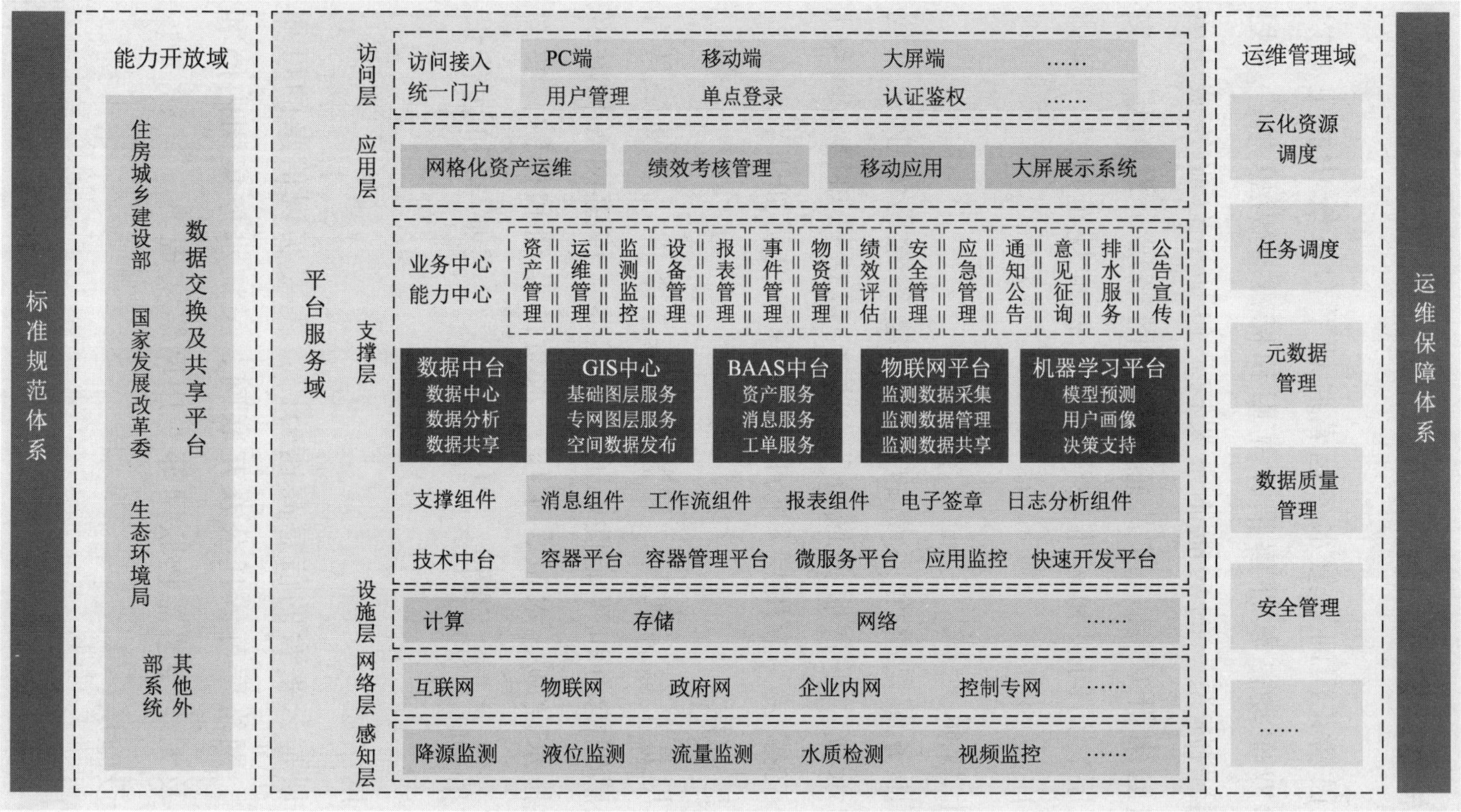

图 3.5.1 总体架构图（后附彩图）

实施层采用云计算技术，实现实施资源的按需分配和弹性计算。

（4）支撑层。

支撑层实现设备管理、运行监测、运维管理、报表管理、管网分析等业务中台中心能力，以及 GIS 中心、物联网平台等基础支撑系统，通过基础应用的建设优化水务监管流程，提升水务监控效率。

（5）应用层。

应用层在支撑层业务中台和技术中台等中心能力的支撑下，结合业务实际需求，形成了高度内聚的各业务子系统。

（6）访问层。

访问层为平台提供统一的一体化门户，作为应用访问的统一登录口，增强各系统访问便捷性。平台可对各个子系统的访问账号进行统一管理，加强各系统的账号、权限管理工作，提高信息安全防范等级。

访问层提供各种终端的接入访问，系统支撑 PC 电脑、手机、平板电脑和大屏等接入终端。

2. 运维保障体系与标准规范体系

运维保障体系提供系统的运维保障管理办法和流程，保障系统安全可靠运行，用于支撑整个平台的统一安全管控和可视化运维管理，运维管理域包括云化资源调度、任务调度、元数据管理、数据质量管理和安全管理等功能，提升平台的运维管理能力；标准规范体系提供系统建设遵循的国家标准和行业标准，保障系统建设的标准化和规范化。

3. 能力开放域

能力开放域作为数据对外开放的枢纽，平台和其他外部系统统一通过区数据交换及共享平台来进行数据交换，方便与其他相关系统，以及气象系统等外部系统进行数据共享。

3.5.3 核心内容

1. 水务资产数字化建设

对重庆市巴南区花溪河流域所覆盖的 $268.46km^2$ 范围内所涉水资产进行数字化建库，实现二/三维融合的厂站网数字化展示。以花溪河河道水质监测站、新建的排水管网片区、污水处理厂站等设施为核心，统一各类基础数据、专业数据及地理数据库的标准建立，实现水务资产的全可视，实现污水处理厂（图 3.5.2）、泵站及管网数据的二/三维融合的厂站网数字化展示，使水务设施资产一图可视、可查、可更新。

2. 系统平台 PC 端建设

实现巴南区花溪河流域水务监测感知层、系统平台网络层以及功能体系应用层的贯通融合，建立花溪河智慧水务系统全链路可视化、精细化、智慧化管理，建立以河道监测、污水处理厂站、排水泵站、管网及配套设施为管理对象，以物联网技术为支撑，以覆盖污水系统全过程的数据为驱动，打造污水系统全链路智慧化管控平台的 PC 端应用。在业务运营层面建立工程数字化、资产管理、工单管理、在线监测、运营分析、绩效考核等应用功能，为业务监管提供基础应用。

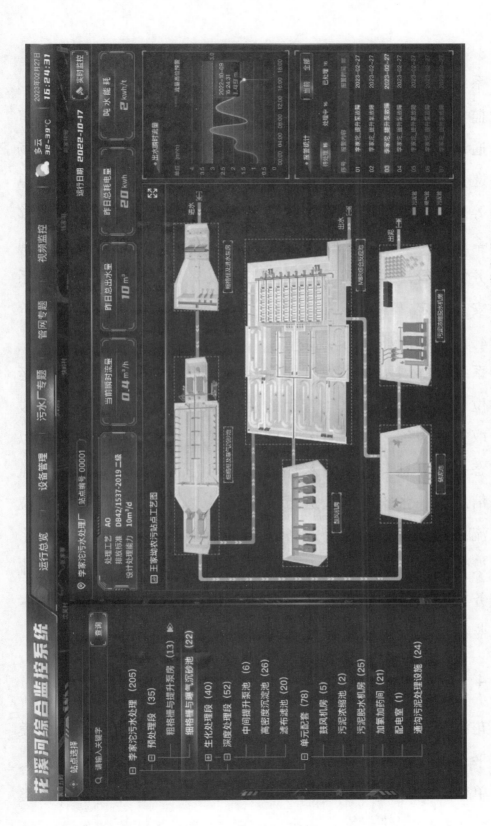

图 3.5.2　花溪河污水处理厂数字化展示图（后附彩图）

第 3 章　智慧水务典型案例

3. 系统移动应用 APP 端建设

系统移动应用 APP 端主要提供工作台、信息展示与查询、实时监测、信息动态推送提醒、运营维护管理、业务流程审批、通讯录等功能。系统移动应用 APP 端建设主要为了现场设备巡查、管网养护、设备维护、设备维修、问题上报、工单处理等外场业务的闭环管理，满足移动监控管理的需求。该移动端系统与 Web 端应用系统建立接口连接，信息同步，加强了水务资产管理过程监管，提高工作效率和工作质量，保障系统的安全稳定。

4. 系统大屏展示端建设

系统大屏展示端作为对外综合展示的窗口，可用于展示运维单位对水务资产智慧化管理的总体情况、发展历程、运维成效、取得成绩等。基于 GIS 地图集成展示各类监测监控数据以及动态报警信息，将河道水环境、管网监测、污水厂站运行监测等信息用一张图的方式进行可视化展现。通过布设在线液位计、流量计和视频监控等设备，全面掌握花溪河沿河流域排水资产设备的实时动态。该大屏展示系统主要展示了全花溪河流域水务资产的运行总览、河道监测专题、管网监测专题、污水厂站监测专题以及视频监控中心等内容。

3.5.4 应用水平

花溪河实现了日常运营管理平台与实际应用相互融合的模式。平台上线至今已累计开通 110 多个用户账号（涵盖政府、运营单位、设计施工单位等），在运行阶段已累计 120 份各类日报、周报、月报报表及交接班记录，日用户活跃度保持在 40 人以上。该平台目前已在长江大保护沿线城市得到推广应用，并在水务数字化转型背景下面向行业让系统快速适应属地化应用特点进行定制化开发，为水务运营企业提供智水应用和服务。

3.5.5　主要创新

基于先进的物联网技术、通信技术、传感技术、大数据、云计算、移动互联等现代化的信息技术，对花溪河流域内水环境信息进行数据采集和存储，为花溪河流域综合治理规划实施、运行管理与绩效考核全过程提供信息化管控工具，为实现流域内水环境监控保护与科学治理提供科学化、精细化与智慧化管理手段，提升管理运营单位的管理决策水平，为三峡集团提出的三峡智水模式的属地化落地实施提供丰富应用场景和可推广的管理经验。

1. 实现资源共享，避免重复建设

花溪河智慧水务工程建设统一安全保障体系、建管运维保障体系，实现水务信息汇集、存储、处理、服务于一体，通过对数据资源、基础设施资源和业务应用资源的整合共享，统一规划，统筹建设，可大力减少机房、网络、应用和采集端工程建设的投资，避免重复投资。

2. 提高工作效率，建设节约社会

通过整合已有信息资源，在"统一技术标准、统一运行环境、统一安全保障、统一数据中心和统一门户"的框架下，建设智慧水务平台，统一用户认证，实现水务业务"一站式"服务，基于水务大数据库，集成现有应用管理系统，使得各系统间能够互联互通、数据能够共享、提高数据流转、减免信息孤岛。依靠该应用平台对这些数据通过分析、统计、组合后，通过业务流程的优化、智能应用的引入，建立起高效能、低成本管理模式，能够辅助相关部门做出及时的、准确的决策，从而提高工作效率、降低管理成本水平，为资源节约型社会建设服务。

3. 提升管理效率，降低运维成本

建立河道、污水厂站、管网等涉水元素的全数字化运营管理体系，利用云平台技术优势，将生产运行监控、问题排查分析、处置追踪溯源与上层管理有机地结合起来，实现水务业态的少人化或无人化运行，从而可大幅降低人力成本。与此同时，通过实现精细化、智能化生产运行管理，在保障运维管理生产安全的基础上，同时还能有效降低污水厂站、河道水质监测站的运行能耗和药耗成本。

4. 考核导向的厂网河一体化管理模式

通过建立花溪河智慧水务的考核机制，可以促进运维人员及时获取信息（包括设备状态、水质、水量、雨量、视频信息等），发现水质问题时，能够提供有效的水质溯源措施，帮助运营管理人员快速查清问题根源，对整个流域实行严密监控、对流域内进行多方位、立体化的长效实时监测，辅助对突发事件的提前预警和准确定位，完成突发事件的预警、记录、下发处置任务、相关信息交互、过程跟踪、结果反馈、警报解除等一系列事件处置流程。

3.5.6 效益分析

1. 经济效益

（1）效率提升：通过系统平台工单和管理报表的一键填报与自动抓取汇总应用，减少了污水厂站现场运维人员 85％ 的手动填报和重复填报工作；自动排班、交接班管理、异常运营工况实时推送处置、线上审批流程等相比传统事件及运维处置综合效率提升 60％ 左右。

（2）成本降低：相比于传统厂站运营计划人数，通过智慧水务平台的上线应用，结合花溪河流域的 6 座污水厂站的来水情况和工艺运行特点，集中优化现场值班人力资源，比原定安排现场运维人员数量减少达 20％，从而降低了人力成本预算。

（3）安全生产：通过对系统平台使用人员的不定时的现场培训加线上培训，要求加强不论管理人员或一线操作人员对系统使用的熟练度，改变原有固化的管理模式，从而可降低花溪河流域综合治理在未来 20 年运维期内发生安全管理事故的风险，保障了花溪河流域人民财产的安全。

2. 社会效益

通过智慧水务建设，构建新时代的水务公共服务体系。加快政府供给向公众需求转变的核心需求，以社会公众服务为导向，以多元化水信息服务为抓手，构建水公共服务智能应用。通过创新构建个性化水信息服务、动态水指数服务、数字水体验服务，全面提升社会各界的感水知水能力、节水护水人文素养、管水治水服务水平。

3.6

重庆市巫山县智慧水务建设项目

3.6.1 项目简介

重庆市巫山县水环境系统综合治理（一期）PPP 项目建设内容包含污水处理设施及管网建设工程、供水工程、智慧水务建设项目、船舶废弃物接收处置工程、存量资产（经营权）有偿转让等 5 个大项共 19 个子项目，是首个包含供水、排水、水环境和船舶废弃物治理的 PPP 项目。作为后续长效运营管理支撑的智慧水务建设工程，一方面要满足运营企业降本增效、达标运营的业务建设需求，另一方面也作为政府运行监管的管理抓手。通过巫山县智慧水务工程建设，实现对巫山供排水工程各类涉及要素、水务资产账册化数字化管理；重要厂站、管网设施运行工况实时化监测监控；日常运维事项信息化管控；总体运营态势全景可视化掌控；现场生产运维移动化应用。从而达到辅助安全生产、支撑达标运营、提高工作效率、降低运行成本的建设目标。

3.6.2 总体架构

巫山长江大保护运营管理系统总体架构（图 3.6.1）包括

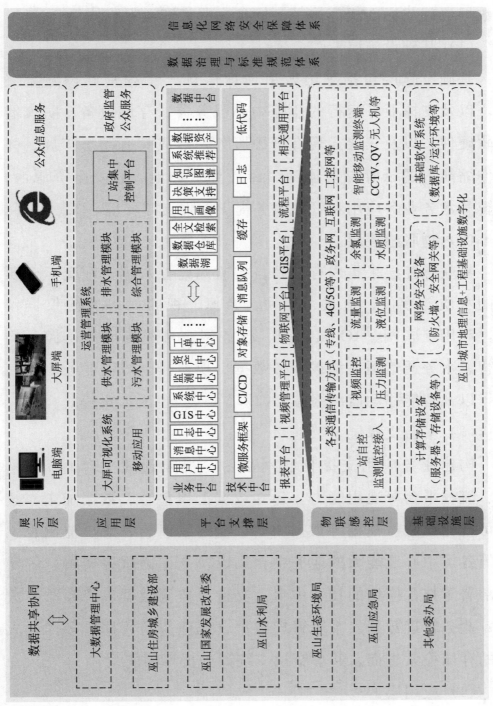

图 3.6.1 巫山长江大保护运营管理系统总体架构图（后附彩图）

基础设施层、物联感控层、平台支撑层、应用层和展示层，以及数据治理与标准规范体系、信息化网络安全保障体系。

（1）基础设施层。

基础设施层包括巫山城市地理信息＋工程基础设施数字化，以及支撑业务运行的监控中心服务器、存储设备、防火墙等软硬件，以及三峡云现有资源服务，形成具有动态扩展、弹性伸缩能力的云存储资源池、云计算资源池、云安全资源池，为智慧水务业务应用和管理服务提供硬件支撑环境。

（2）物联感控层。

物联感控层采集现有厂站自控监测监控数据，配套运营所需的水质、液位、流量、压力、余氯、视频站等监测仪器仪表，利用互联网、4G 无线网、政务网、自建专网等链路，构建智慧水务通信网，承载业务数据交换、视频传输业务应用信息，以及智能移动监测终端、CCTV、QV、无人机等。

（3）平台支撑层。

构建业务应用支撑物联网平台、视频管理平台、GIS 平台、流程平台等通用能力。建立数据汇聚整合、数据加工、数据可视化、数据挖掘等数据中台，涵盖消息、日志、监测、工单等各类中心及能力的业务中台，以及支撑微服务架构、容器化部署等技术应用的技术中台。支持对监测数据、视频监控数据、业务管理数据、系统管理数据、地理空间数据等多样化数据的存储检索查询、共享交换、统计分析等功能。

（4）应用层。

建设满足运营管理需要的运营管理系统（包含大屏、网页和移动端）以及集中控制平台，涵盖供水、排水、污水、水环境及综合业务管理的模块，同时提供政府监管及公众服务的业务应用。

（5）展示层。

支持以大屏、电脑、手机等多种交互形式满足管理层、调度员、作业人员等不同用户应用系统的操作。

（6）数据治理与标准规范体系。

数据治理与标准规范体系包括数据治理体系、技术标准体系和制度保障体系。数据治理体系包括数据标准化和错误缺失数据处理；技术标准体系是在信息采集、汇集、交换、存储、处理和服务等环节采用或制定的相关技术标准，以实现资源共享和交互集成；制度保障体系是指制定管理制度，明确业务流程，规范信息系统建设和运维。

（7）信息化网络安全保障体系。

信息化网络安全保障体系是保证网络系统安全的基础，要通过一系列规章制度以及软硬件的部署实施，来保障系统运营环境的物理安全、网络安全、系统安全、应用安全、数据安全。

3.6.3 核心内容

1. 数字管网

目前巫山县长江大保护运营管理系统已入库排水管网长度约 556km，主要包括高唐城镇雨污水、部分乡镇污水管网，实现网管资产全要素入库构建数据底座，建立地下管网"一张图"，对资产全生命周期进行账册化、数字化管理，清晰展示区域给排水管网走向、资产情况（管网、泵站、闸门、污水厂、河湖等）。

2. 在线监测及预警系统

借助物联网及 4G 无线通信技术及传感技术，建成巫山排水智能感知网络体系，实时掌握雨情、水情以及管网运行情况，并对雨污混流进行监测和预警。

3. 大屏可视化管理

基于智慧水务一张图，融合基础空间数据、水务资产数据、运行监测数据及诊断分析、运维统计等多源数据，建立大屏综合展示管理系统，包括基础地理信息展示、水务系统运行总览、水务运营事务总览、运营绩效数据，同时集成视频、运营指挥等进行指令任务下发，并提供手机 APP 端（图 3.6.2）便捷化操作，实现可视化、精细化运营。

4. 数字孪生污水厂

以江东污水厂为示范厂，打造标杆数字孪生水厂建设（图 3.6.3），拟根据竣工图纸进行全厂三维建模模型展示，模型挂接设备 PLC 数据，实时反映现场运行情况。系统提供数据展示、设备信息查看等功能，为运营管理提供场景式的决策支持。采用 unity3d 游戏引擎渲染技术，打造沉浸式管理模式，实现管理高效、对外宣展的目的，建立数据驱动的智慧化运营模式。

3.6.4 应用水平

巫山智慧水务运营管理系统已与项目公司生产及运营工作紧密结合，提供信息化技术支撑，基本覆盖船舶码头、江东污

图 3.6.2 运营管理系统手机 APP 端（后附彩图）

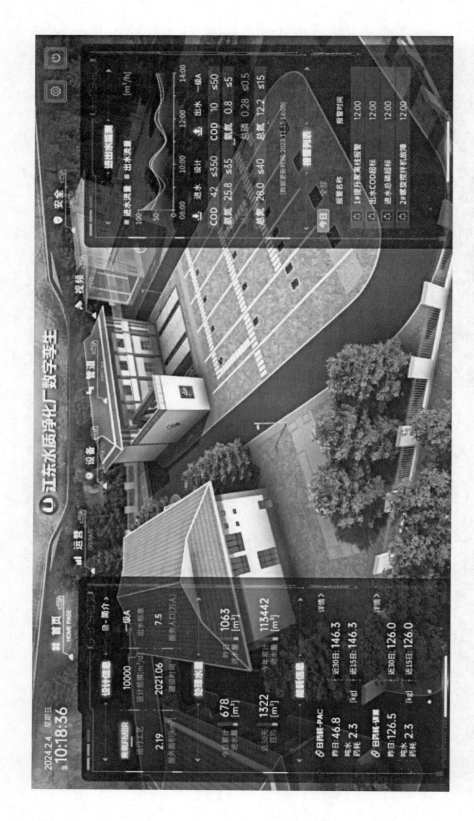

图 3.6.3　江东污水厂数字孪生平台（后附彩图）

水处理厂、高唐雨污改造工程等 13 个子项的日常运营管理过程工作。包括日报、周报、月报报表及巡检工单、交接班记录等。且设置在江东污水处理厂内的智慧水务大屏展示系统已成为项目公司生产调度、运行控制、应急指挥等智慧调控工具，也是三峡集团在上游区域巫山县域范围对外进行长江大保护科普宣传的平台载体。

另外，该系统目前已在长江大保护沿线城市得到推广应用，并在水务数字化转型背景下面向水务行业，让系统快速适应属地化应用特点进行定制化开发，为水务运营企业提供智水应用和服务。

3.6.5　主要创新

1. 数字化管理

以管网普查、检测数据为基础，通过统一平台实现水务资产全要素入库构建数据底座，建立地下管网"一张图"，对资产全生命周期进行账册化、数字化管理，清晰展示区域给排水管网走向、资产情况（管网、泵站、闸门、污水厂、河湖等），摸清家底、解决资产底账不清问题。

2. 智慧化运营

围绕降本增效、精益运营，在排水运营方面，通过布设在线液位计、流量计和视频监控等设备，全面掌握高唐片区排水管网的液位状态，流量和进出水质变化情况，同时可以结合雨天的监测数据，全面检验高唐雨污分流工程的改造效果，辅助分析污染溯源和发现冒溢点，为运营调度人员提供实时决策依据。在供水运营方面，通过智能水表、水质在线监测仪等智能终端设备的网格化铺设，实现 24 小时监控用水负荷、水质等情况，可及时发现漏损、水质污染等问题，这样能有效地降低漏损率、产销差，确保安全、稳定供水，并通过供水数据分析变化趋势预测及应对、突发事件预警及应急处置等辅助决策功能，实现供水系统综合自动化管理。

3. 可视化污水厂

数字孪生江东新区污水处理厂利用可视化数字孪生技术，构建 1∶1 污水处理厂数字模型，借助科学流程设计，在污水处理厂的控制系统中，利用物理引擎搭建出整个污水处理厂各工作区域的数字模型，还原污水处理工艺。并将各模块设备传感器所反馈的数据实时映射在数字模型之上，相关管理人员可以通过整个管理系统监管整个污水处理厂的设备。这种可视化管理，不仅有效简化了工作流程，让管理效率得到进一步优化；同时依托于控制系统进行管理，实时监测各种数据变化，避免在各个环节中出现差错问题，保证工作质量，让整体管理工作变得轻松和简单，最终达到精细化运营标准。

3.6.6 效益分析

巫山智慧水务工程的建设能够在辅助安全生产、支撑达标运营、提高工作效率、降低运行成本等方面发挥积极作用。

1. 辅助安全生产

将现有合规安全生产管理规定通过信息化手段进行有效

落实与管控；有效控制、降低运营安全风险，建立监测监控及异常报警综合保障应用；保障人身安全，进行人员姓名、实时定位、驻留时长及移动判断综合研析；异常安全情况快速溯源诊断、形成有效的分析解决方案与应急措施落实；降低设备停车故障、基于异常问题分析树＋运行征兆与预测性周期维护。

2. 支撑达标运营

工程建设合规性及质量管控，设计—建设—竣工全过程数据入库质检校核；达标考核付费支撑，提供监测自动核算及人工填报归档相结合的汇总应用；项目边界/外来污染权责界定，基础设施拓扑链路＋沿程运行数据融合分析。

3. 提高工作效率

（1）信息随时查看：资产设施数字化账册化管理查询、运营工况实时化掌控。

（2）审批快速流转：日常申请、审批/交接班事项电子化应用及限时提醒。

（3）降低重复工作：汇总报表填写一次，按需自动抽取形成各类业务用途报表。

（4）实时指挥行动：人员实时通信及解决方案推送（问题解决知识库应用）。

（5）效能监管优化：人员轨迹定位及任务关联，智能分析最佳巡检养护路线。

4. 降低运行成本

集中监控调度，分散厂站少人/无人值守，降低运维人员数量；关联逻辑与数据分析及自动化控制策略辅助生产；物资及备品备件统筹管理，统一出入库电子化管理＋预测性储备；基于设备台账、全周期表现、数据分析、经济性评估指导设备选型等应用。

蔡甸东部区域清水入江 PPP 项目智慧水务项目

3.7.1　项目简介

蔡甸东部区域清水入江 PPP 项目智慧水务项目服务于蔡甸区内排涝泵站、闸门、污水厂、污水提升泵站、供水厂、供水加压泵站、湖泊、水库、堤防等水务设施，通过开发智慧水务门户系统、水务综合展示子系统、排水管网管理子系统、防汛内涝指挥子系统、巡检养护子系统和绩效考核子系统等 6 大子系统以及一期升级改造和其他系统接口开发等推动水务信息资源整合和智慧化发展，提高蔡甸内涝预防和调度能力，降低内涝事件导致的经济损失；通过构建智慧运维系统，高效的信息化管理手段，减少运营人员投入，降低运营处理成本；促进政府部门水务管理效能、效益、效率的提高，提升民生满意度，全面提升政府管理能力。

3.7.2　总体架构

蔡甸智慧水务系统总体框架主要由智能感知层、基础设施层、赋能中台层、数据中心层、智慧业务应用系统层、用户层以及技术标准体系、安全运行体系和制度保障体系构成，如图智能感知层包括监测对象、信息采集和通信网络，其中监测对象包括排涝泵站、各种排水信息采集点的传感设备和传感网、视频监控前端设备、智能移动设备等。

基础设施层包括服务器、计算机、存储设备、网络设备和安全设备等。

赋能中台层包括物联网平台、GIS 支撑平台、视频管理平台。

数据中心层包括数据库建设与管理、数据工程、数据库管理平台、数据共享交换平台。

智慧业务应用系统层包括智慧水务门户系统、水务综合展示子系统、排水管网管理子系统、巡检养护子系统、绩效考核子系统、防汛内涝子系统。

用户层包括蔡甸水务局、项目公司、第三方和社会公众。

3.7.3 核心内容

1. 防汛抗旱指挥子系统

通过对蔡甸区域内自然水体、水工设施的数据可视化以及在线监测数据的叠加，并对外部相关涉水数据接口进行融合，形成蔡甸全局水务运行状态图，并能对各业务线数据进行详细呈现、查询统计。

2. AR 视频监控

基于水务运行"一张图"，每个水库、湖泊新增一套 AR 视频气泡式水位计终端，对视频、液位进行监测；系统支持对现地端（视频监视点）采集到的视频监控信息进行实时调阅，

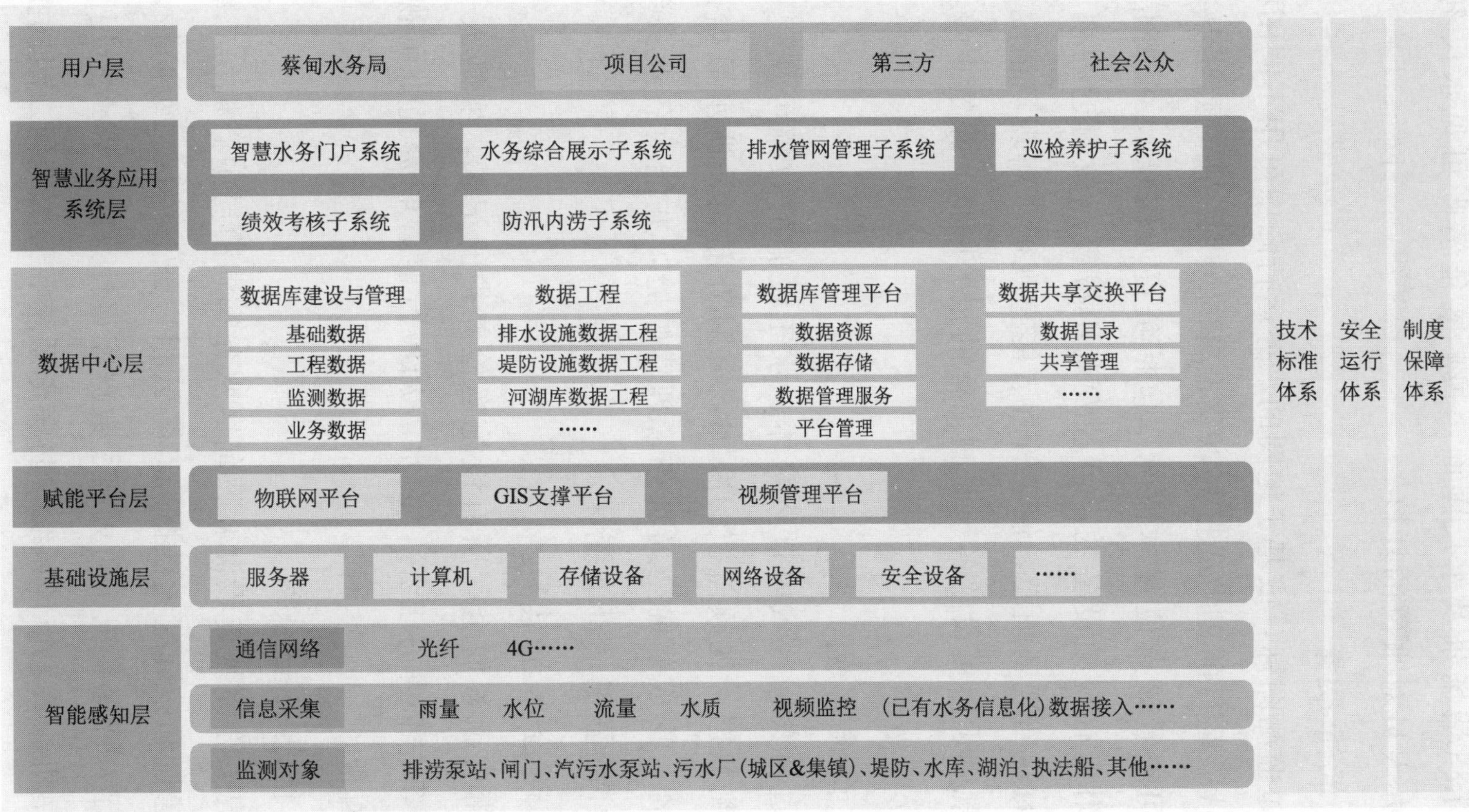

图 3.7.1 蔡甸智慧水务系统总体框架图（后附彩图）

实时显示汛情场景及水尺画面，视频要能清晰可见水尺刻度，方便防办人员对水位的复核。

3. 汛情报警

通过监测图标，或基于地图的水务运行图中可用不同图标及颜色来代表运行的正常或报警以及报警的级别。用户点击某报警点位，可查看该点位基本情况（包括负责人信息）、报警信息，针对其附近有视频设备的，可触发调用报警点位附近的视频设备，实时返回现场画面，便于管理者能直观地了解现场情况。通过报警规则设置可设置各项监测指标的报警阈值。汛情报警界面如图 3.7.2 所示。

4. 系统总览

通过对蔡甸区域内自然水体、水工设施的数据可视化以及在线监测数据、视频监控的叠加，并对外部相关涉水数据接口进行融合，形成蔡甸全局水务管理驾驶舱，并能对各业务线数据进行详细呈现、查询统计。

5. 巡检养护总览

统筹展示蔡甸全区所有设施巡检养护的记录，实现人-车-物-事四维一体集中监管，为水务局履行监管职责提供可视化、智慧化看板。

6. 信息安全系统

信息安全系统建设涵盖蔡甸区水务和湖泊局中心机房二级等保系统建设和蔡甸区大数据局政务云租户云上等保二级防护，包括上网行为管理系统、防火墙、数据库审计系统、Web 应用防火墙、堡垒机、日志审计系统、防病毒系统和云上等保二级防护。

图 3.7.2 汛情报警界面（后附彩图）

7. 基础平台系统

基础平台系统包括物联网平台、GIS 支撑平台和视频管理平台等 3 个基础支撑平台开发、部署。

8. 业务应用系统

业务应用系统包括智慧水务门户系统、水务综合展示子系统、排水管网管理子系统、巡检养护子系统、绩效考核子系统和防汛内涝子系统等 6 大子系统以及一期升级改造和其他系统接口开发等。

9. 数据工程建设

通过建立水务数据库实现对蔡甸区基础地形数据、水务运行监测数据、水务资产数据以及文档、多媒体数据等数据的处理、存储、共享，为智慧水务应用提供基础支撑。建设内容包括数据工程建设、数据库管理平台服务和数据共享交换平台服务等。

3.7.4 应用水平

目前已开通用户 90 个，涉及单位包括蔡甸区水务局、蔡甸区城投环境、蔡甸区大数据局、长江生态环保集团、长江生态环保集团湖北分公司、武汉清水入江项目公司、总承包单位、绿洲公司、设备供应商以及蔡甸、黄陵、消泗等污水厂。软件平台于 2023 年 11 月 24 日通过初步验收，已进入试运行阶段，按项目公司要求，开始试运维。

3.7.5 效益分析

蔡甸智慧水务工程的建设能够提高内涝预防和调度能力，降低内涝事件导致的经济损失；通过构建智慧运维系统，高效的信息化管理手段，减少运营人员投入，降低运行处理成本。蔡甸智慧水务工程系统的建设，能够带来切实的环境、经济和社会效益，在提升区水务局业务管理效率的同时，通过优化运行调度减缓蔡甸内涝积水现象。

参 考 文 献

[1] 中华人民共和国全国人民代表大会．中华人民共和国国民经济和社会发展第十四个五年规划和 2035 年远景目标纲要［EB/OL］.（2021－03－13）［2024－02－21］. https：//www. gov. cn/xin-wen/2021－03/13/content＿5592681. htm？eqid＝9bb919dd00014d6d0000000364953b44.

[2] 中华人民共和国国家发展和改革委员会，中共中央网络安全和信息化委员会办公室．国家发展改革委 中央网信办印发《关于推进"上云用数赋智"行动 培育新经济发展实施方案》的通知：发改高技〔2020〕552 号［EB/OL］.（2020－04－07）［2024－02－21］. https：//www. gov. cn/zhengce/zhengceku/2020－04/10/content＿5501163. htm.

[3] 中华人民共和国国家发展和改革委员会，中华人民共和国住房和城乡建设部．国家发展改革委 住房城乡建设部关于印发《城镇生活污水处理设施补短板强弱项实施方案》的通知：发改环资〔2020〕1234 号［EB/OL］.（2020－07－28）［2024－02－21］. https：//www. gov. cn/zhengce/zhengceku/2020－08/06/content＿5532768. htm.

[4] 中华人民共和国住房和城乡建设部，中华人民共和国生态环境部，中华人民共和国国家发展和改革委员会．住房和城乡建设部 生态环境部 发展改革委关于印发城镇污水处理提质增效三年行动方案（2019—2021 年）的通知：建城〔2019〕52 号［EB/OL］.（2019－04－29）［2024－02－21］. https：//www. gov. cn/zhengce/zhengceku/2019－09/29/content＿5434669. htm？eqid＝a1bcb034000174a20000000264619e24.

［5］　中华人民共和国国家发展和改革委员会，中华人民共和国住房和城乡建设部．国家发展改革委 住房城乡建设部关于印发《"十四五"城镇污水处理及资源化利用发展规划》的通知：发改环资〔2021〕827号［EB/OL］．（2021－06－06）［2024－02－21］．https：//www. ndrc. gov. cn/xxgk/zcfb/ghwb/202106/t20210611_1283168_ext. html.

［6］　中华人民共和国中央人民政府，中华人民共和国国务院．中共中央 国务院关于深入打好污染防治攻坚战的意见［EB/OL］．（2021－11－02）［2024－02－21］．https：//www. gov. cn/zhengce/2021－11/07/content_5649656. htm.

［7］　中华人民共和国生态环境部，中华人民共和国国家发展和改革委员会，中华人民共和国最高人民法院，等．关于印发《深入打好长江保护修复攻坚战行动方案》的通知：环水体〔2022〕55号［EB/OL］．（2022－08－31）［2024－02－21］．https：//www. gov. cn/zhengce/zhengceku/2022－09/19/content_5710666. htm.

［8］　上海市人民政府办公厅．上海市人民政府办公厅关于印发《上海市水系统治理"十四五"规划》的通知：沪府办发〔2021〕9号［EB/OL］．（2021－06－23）［2024－02－21］．https：//www. shanghai. gov. cn/202115bgtwj/20210805/24626e34053c47688471120dc9afb5de. html.

［9］　北京市第十五届人民代表大会．北京市国民经济和社会发展第十四个五年规划和二〇三五年远景目标纲要［EB/OL］．（2021－01－27）［2024－02－21］．https：//czj. beijing. gov. cn/ztlm/zfzqgl/202210/P020221020681121742065. pdf.

［10］　北京市人民政府办公厅．北京市人民政府办公厅关于印发《北京市城市积水内涝防治及溢流污染控制实施方案（2021年—2025年）》的通知：京政办发〔2021〕6号［EB/OL］．（2021－05－

14）［2024 - 02 - 21］. https：//www. beijing. gov. cn/zhengce/zfwj/202105/t20210514 _ 2389790. html.

［11］ 重庆市人民政府．重庆市人民政府关于印发重庆市国民经济和社会发展第十四个五年规划和二〇三五年远景目标纲要的通知：渝府发〔2021〕6 号［EB/OL］.（2021 - 03 - 01）［2024 - 02 - 21］. http：//www. cq. gov. cn/zwgk/zfxxgkml/szfwj/qtgw/202103/t20210301 _ 8953012. html.

［12］ 江西省人民政府．江西省人民政府关于印发江西省国民经济和社会发展第十四个五年规划和二〇三五年远景目标纲要的通知：赣府发〔2021〕5 号［EB/OL］.（2021 - 02 - 05）［2024 - 02 - 21］. http：//www. jiangxi. gov. cn/art/2021/3/1/art _ 4968 _ 3210662. html.

［13］ 湖北省人民代表大会．湖北省国民经济和社会发展第十四个五年规划和二〇三五年远景目标纲要［EB/OL］.（2021 - 04 - 13）［2024 - 02 - 21］. http：//czt. hubei. gov. cn/bmdt/ztzl/dfzfzqzl _ 6968/xxpl/202110/P020211019555986886394. pdf.

［14］ 四川省第十三届人民代表大会．四川省国民经济和社会发展第十四个五年规划和二〇三五年远景目标纲要［EB/OL］.（2021 - 03 - 17）［2024 - 02 - 21］. https：//www. sc. gov. cn/10462/c108548/2021/3/17/f4f228aa75b64a879a0c8671a06dcc18. shtml.

［15］ 中华人民共和国住房和城乡建设部，国家市场监督管理总局．室外排水设计标准：GB 50014—2021［S］. 北京：中国计划出版社，2021.

［16］ 中华人民共和国住房和城乡建设部．住房和城乡建设部关于发布国家标准《室外给水设计标准》的公告［EB/OL］.（2018 - 12 - 26）［2024 - 02 - 21］. https：//www. mohurd. gov. cn/gongkai/zhengce/zhengcefilelib/201908/20190828 _ 241590. html？eqid＝ec4140f300061e750000000264719577.

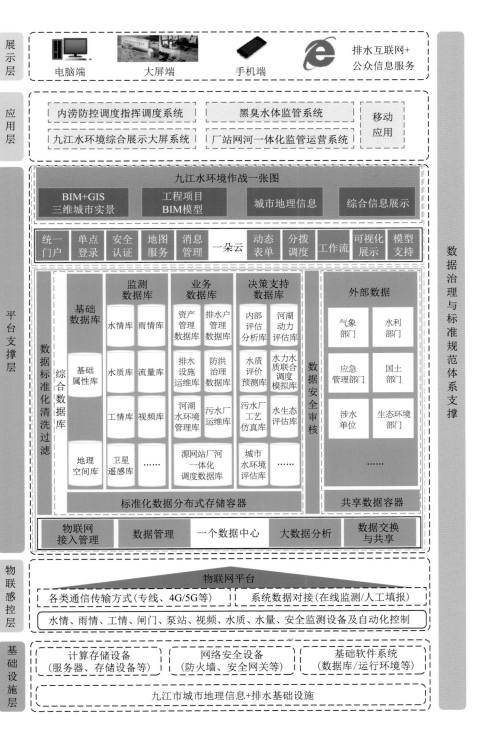

图 3.1.1 系统总体架构设计

图 3.1.2 基于倾斜摄影空间信息的设施孪生应用

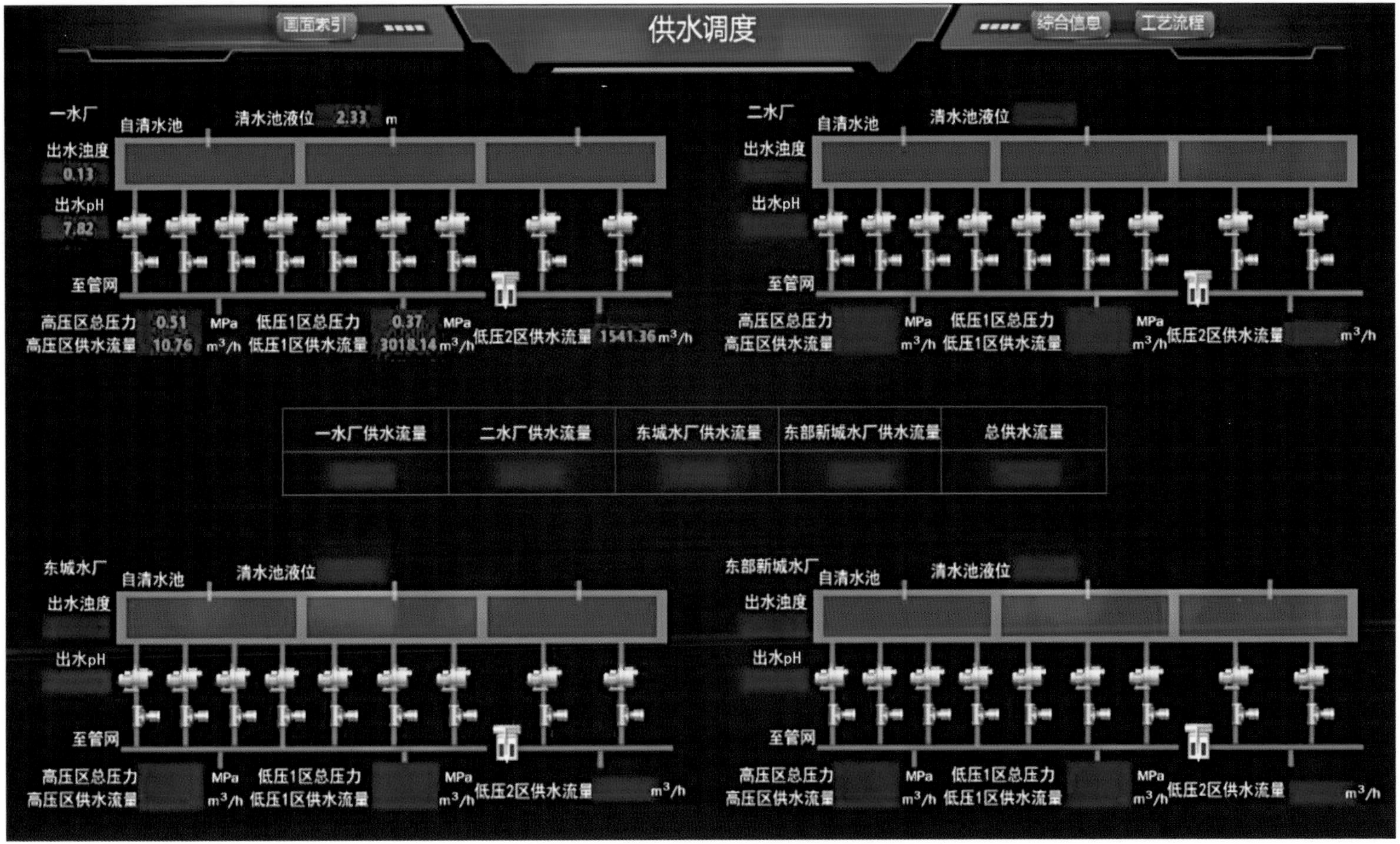
画面索引
供水调度
综合信息
工艺流程
一水厂
自清水池
清水池液位 2.33 m
出水浊度 0.13
出水pH 7.82
至管网
高压区总压力 0.51 MPa
高压区供水流量 10.76 m³/h
低压1区总压力 0.37 MPa
低压1区供水流量 3018.14 m³/h
低压2区供水流量 1541.36 m³/h
二水厂
自清水池
清水池液位
出水浊度
出水pH
至管网
高压区总压力 MPa
高压区供水流量 m³/h
低压1区总压力 MPa
低压1区供水流量 m³/h
低压2区供水流量 m³/h
一水厂供水流量
二水厂供水流量
东城水厂供水流量
东部新城水厂供水流量
总供水流量
东城水厂
自清水池
清水池液位
出水浊度
出水pH
至管网
高压区总压力 MPa
高压区供水流量 m³/h
低压1区总压力 MPa
低压1区供水流量 m³/h
低压2区供水流量 m³/h
东部新城水厂
自清水池
清水池液位
出水浊度
出水pH
至管网
高压区总压力 MPa
高压区供水流量 m³/h
低压1区总压力 MPa
低压1区供水流量 m³/h
低压2区供水流量 m³/h

图 3.2.1　供水调度页面

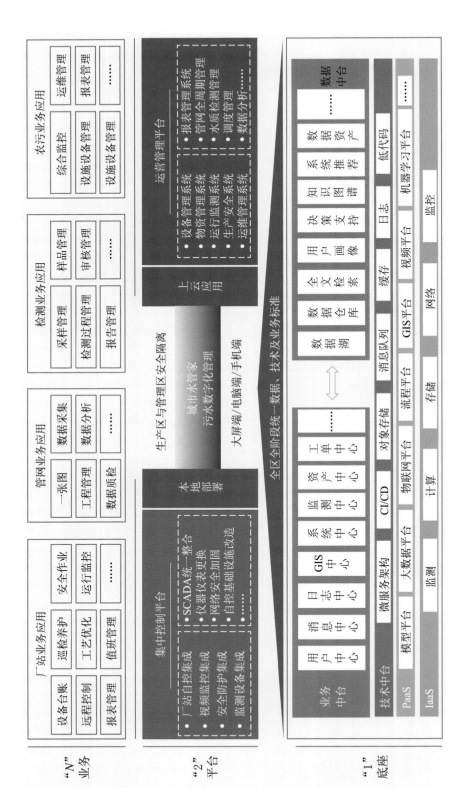

图 3.3.1 吴江数字化项目总体建设思路

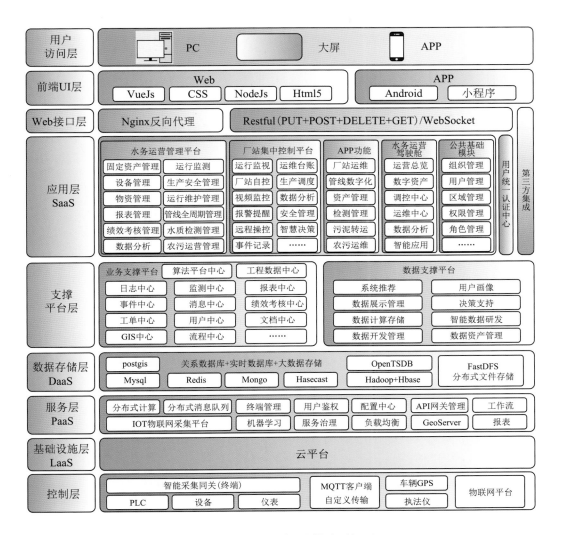

图 3.3.2 平台总体架构图

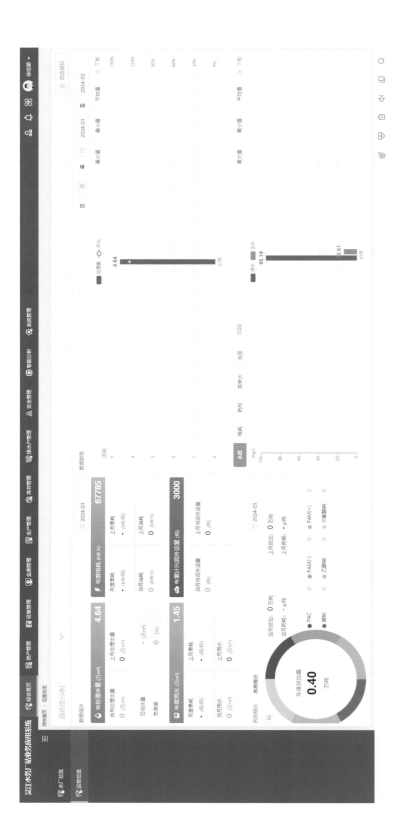

图 3.3.3　吴江水务集团智慧管理平台

图 3.4.1 总体架构图

安全保障与运维体系

标准体系规范

用户层	政府用户	企业用户	公众用户

综合业务应用层	PC端运营管理系统	移动应用APP（安卓手机端）	大屏综合系统

应用支撑平台层：
- 统一视频监控　物联网平台　配套基础支撑软件　专业图表　查询服务
- 平台管理　服务注册申请　用户统一认证　统计分析

数据资源层：
- 数据管理服务　资源目录　共享交换管理　数据维护更新
- 监测类数据库　管理类数据库　基础类数据库　空间类数据库　多媒体类数据库　共享交互类数据库

基础设施层：
- 服务器　数据库软件　机泵远程控制　统一视频监控　大屏硬件　网络安全设施　农污平台软件　监控机房　其他软硬件环境　运营商网络

感知层：
- 视频监控　机泵状态　设备运行数据　流量　水质　液位　……

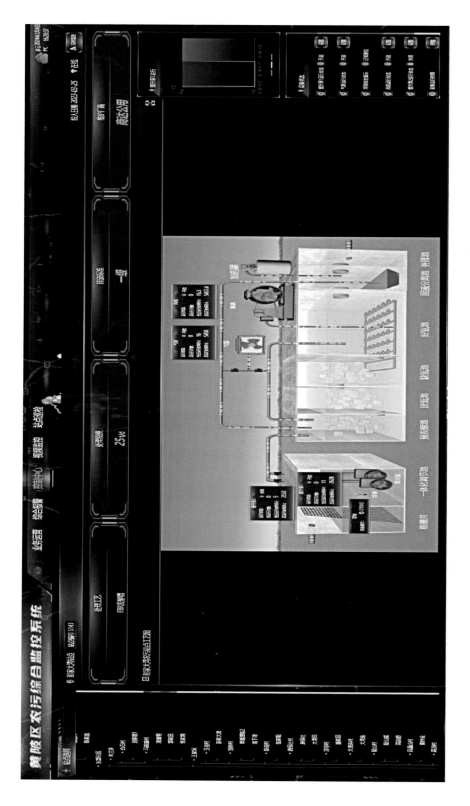

图 3.4.2　大屏端黄陂农污运维管理系统

图 3.5.1　总体架构图

运维保障体系

标准规范体系

运维管理域
云化资源调度　任务调度　元数据管理　数据质量管理　安全管理　……

平台服务域

访问层
访问接入　统一门户

应用层
网格化资产运维　用户管理　绩效考核管理　单点登录　移动应用　大屏管理　认证鉴权　大屏展示系统　……
PC端　移动端　大屏端

支撑层
业务中心／能力中心
数据中台（数据中心、数据分析、数据共享）　GIS中心（基础图层服务、专网图层服务、空间数据发布）　BAAS中台（资产服务、消息服务、工单服务）　物联网平台（监测数据采集、监测数据管理、监测数据共享）　机器学习平台（模型预测、用户画像、决策支持）
资产管理　监测监控　设备管理　报表管理　事件管理　物资管理　绩效评估　安全管理　应急管理　通知公告　意见征询　排水服务　公告宣传

支撑组件
消息组件　工作流组件　报表组件　电子签章　日志分析组件

技术中台
容器平台　容器管理平台　微服务平台　应用监控　快速开发平台　……

设施层
计算　存储　网络　……

网络层
互联网　物联网　政府网　企业内网　控制专网　……

感知层
降源监测　液位监测　流量监测　水质检测　视频监控

能力开放域
住房城乡建设部　国家发展改革委　生态环境局　其他部外系统　数据交换及共享平台

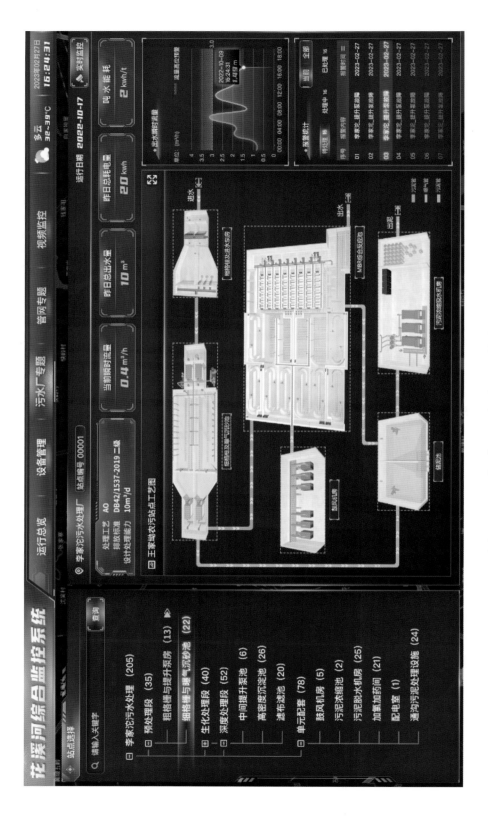

图 3.5.2 花溪河污水处理厂数字化展示图

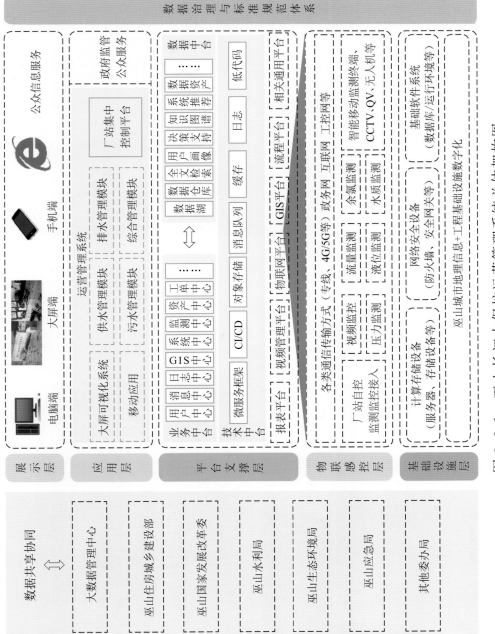

图 3.6.1　巫山长江大保护运营管理系统总体架构图

图 3.6.2　运营管理系统手机 APP 端

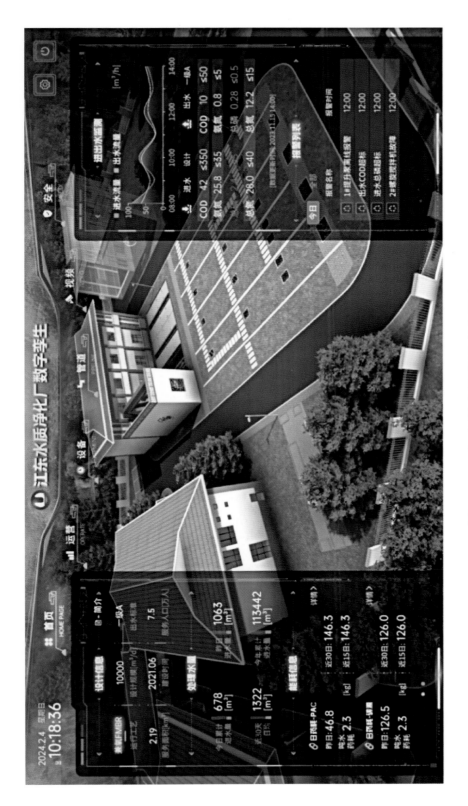

图 3.6.3　江东污水厂数字孪生平台

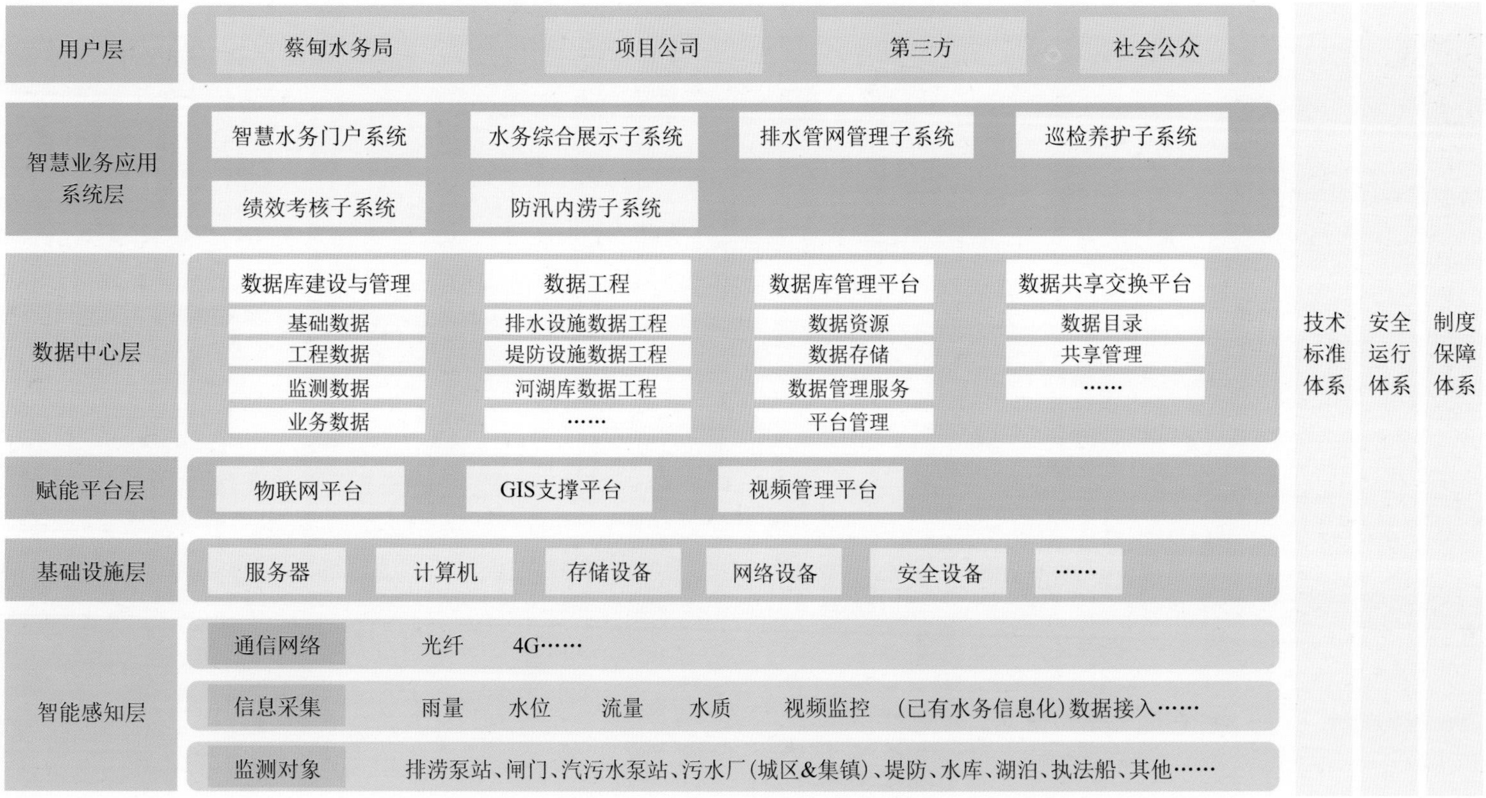

图 3.7.1　系统总体框架图

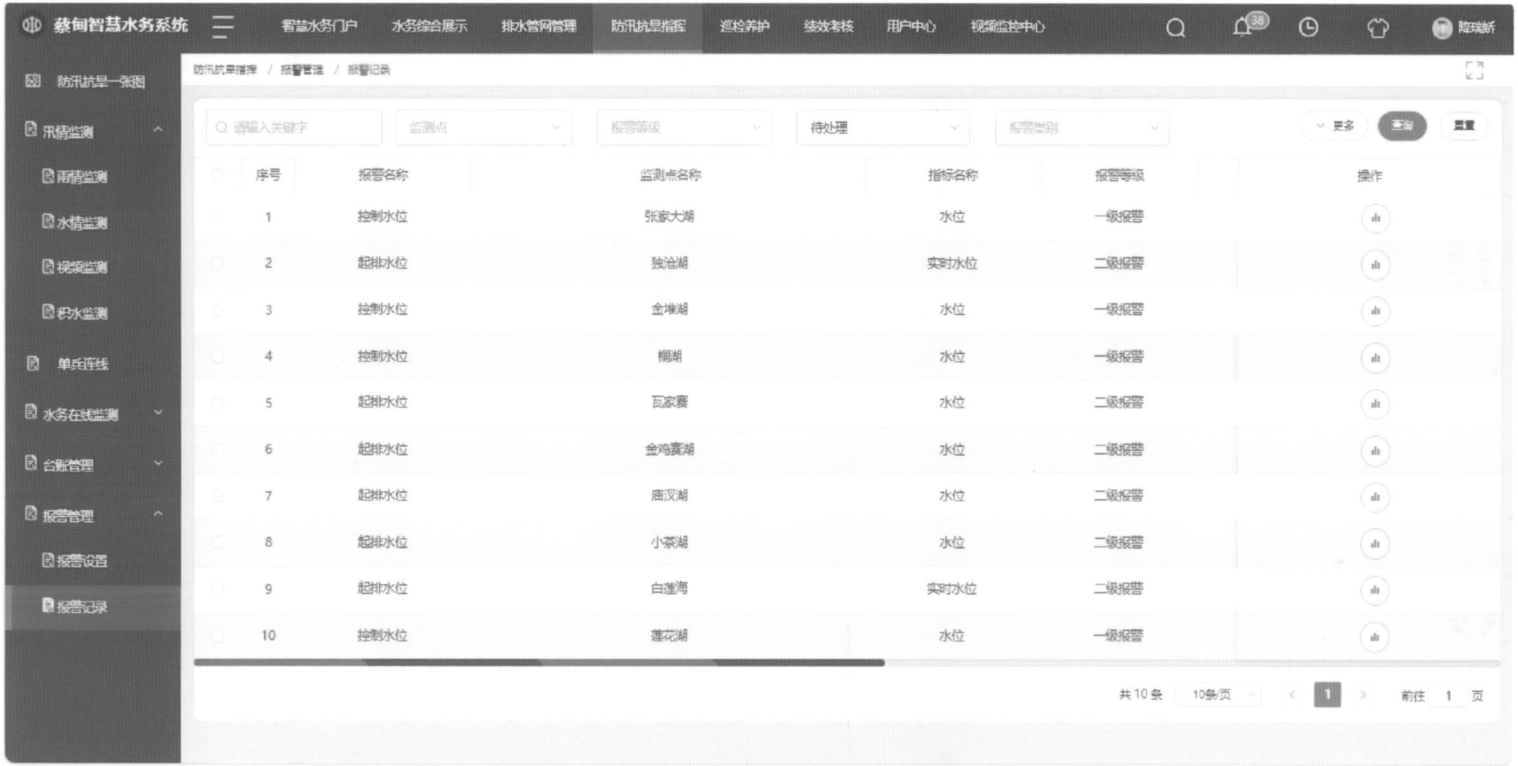
蔡甸智慧水务系统
智慧水务门户
水务综合展示
排水管网管理
防汛抗旱指挥
巡检养护
绩效考核
用户中心
视频监控中心
38
防汛抗旱一张图
汛情监测
雨情监测
水情监测
视频监测
积水监测
单兵连线
水务在线监测
台账管理
报警管理
报警设置
报警记录
防汛抗旱指挥 / 报警管理 / 报警记录
请输入关键字
监测点
报警等级
待处理
报警类别
更多
查询
重置
序号
报警名称
监测点名称
指标名称
报警等级
操作
1 控制水位 张家大湖 水位 一级报警
2 起排水位 独沧湖 实时水位 二级报警
3 控制水位 金堆湖 水位 一级报警
4 控制水位 桐湖 水位 一级报警
5 起排水位 瓦家赛 水位 二级报警
6 起排水位 金鸡赛湖 水位 二级报警
7 起排水位 庙汊湖 水位 二级报警
8 起排水位 小茶湖 水位 二级报警
9 起排水位 白莲湾 实时水位 二级报警
10 控制水位 莲花湖 水位 一级报警
共 10 条
10条/页
1
前往 1 页

图 3.7.2 汛情报警界面